KB091446

안녕, 우리들의 반려동물

: 펫로스 이야기

>>> 반려동물과 이별 중인 이에게 <<<

반려동물 인구 천만 시대라고들 한다. 그러니까 네 사람이 모이면 그중 한 사람은 반려동물과 함께 지내고 있을 확률이 높다는 얘기다. 그만큼 많은 이들이 반려동물과 만나고 사랑하고 헤어지는 '수고'를 자신의 일상 안에 가져다 놓았다는 말도 된다. 반려동물과 산다는 것은, 그만큼 반려동물을 위해 지켜야 할 의무를 감수하고 끝까지 돌보겠다는 책임감까지 짊어지겠다는 뜻이다.

반려동물과의 이별은 어김없이 찾아온다, 언젠가는. 이별은 슬픔을 동반하고 그 강도는 가족을 잃은 것과 맞먹을 정도로 이루 말할 수 없다. 이별 후 다시는 반려동물을 키우지 않겠다고 맹세하는 사람도 있고, 반대로 굳어가던 마음을 다시 움직인 반려동물에게 사랑을 주는 사람도 있다. 각자 극복하는 방법이 다 다른 셈이다.

몇 년 전 문득 '펫로스증후군Petloss Syndrome'이라는 말이 생경하게 다가온 적이 있었다. 과연 펫로스증후군은 뭘 말하는 걸까? 당시의 관련 연구 자료나 서적들은 대부분 해외 논문이나 외서에 국한되어 있었다. 그러다 보니 각종 매체에서는 국내 반려가정의 환경과는 동떨어진 정서를 바탕으로 펫로스증후군을 정의하거나 해석해 왔다. 물론 그것이 꼭 잘못되었다는 건 아니다. 다만 우리나라 반려가정의 정서와는 큰 차이가 있었다. 그때부터 나는 국내의 펫로스증후군, 즉 우리가 직접 겪는 반려동물과의 이별에 대해 고심했다. 반려동물장례지도사로서 겪었던 경험들과 당시의 감정들을 꾸준히 정리하고, 실제로 느꼈던 모든 것을 기록했다. 펫로스증후군을 나름의 방식으로 정의해 보고 우리나라 정서에 맞게 해석해 보고 싶었다.

이 책은 반려동물 장례지도사로 일하면서 경험하고 고민했던 기억을 정리하고 기록한 책이다. 하루에도 몇 번씩 장례를 치르고 그만큼 슬픔에 익숙해질 때도 됐지만, 반려동물의 유골을 보호자에게 조심히 건넬 때는 여전히 마음이 아리고 측은한 마음이 크다. 앞으로 이 슬픔의 바다를 힘겹게 건너는 건 온전히 보호자의 몫이기 때문이다. 유골함을 들고 돌아서는 보호자들의 뒷모습에 정중히 인사를 하며 지금껏 고생 많았다고, 누가 뭐래도 최선을 다한 것 알고 있다는 마음을 전하며 아주 조금은 그 힘이 가닿아 위로가 되길 바란다.

바로 그 마음을 담아 보았다. 지금도 반려동물을 잃고 엄청난 슬픔의 굴레에서 빠져나오지 못했거나, 투병 중인 반려동물의 하루하루를 걱정하고 이후를 준비해야 하는 사람들에게 그 누구도 하지 못할, 반려동물장례지도사로서의 위로를 전하고 싶다.

반려동물의 장례를 담당한다는 것은, 이제는 평온히 잠든 반려동물의 명복을 비는 데 그치는 것이 아니다. 후회와 미안함이 가득한 보호자가 오늘 이후의 삶을 바라볼 수 있도록 도와주는 것이기도 하다.

나는 반려인과 반려동물에게 '마지막 소풍길의 안내자'라고 불리는 사람이기도 하다.

사랑하는 존재를 더욱 사랑하도록, 이별하는 존재를 평생 기억하도록, 오늘도 아이들을 배웅 나가며, 조금은 사소하지만 어쩌면 도움이 될 기록을 시작해 본다.

반려동물장례지도사 **강성일**

목차

프롤로그　　　충분히, 우리가 아플 수 있다면 · 10

죽음 앞에 서면　　예상보다 깊은 슬픔 · 16

어린아이에게도 슬픔이 필요하다 · 20

길 생활이 끝나면 · 25

린이와 함께한 시간 · 29

몰래 온 수의사 · 35

조금만 더 기다려 · 38

모두가 사랑한 아이 · 42

처음이기에 선명한 장면들 · 47

죽음을 준비하는　　장례를 준비한다는 것 · 58
사람들

먼 길을 돌아 여기에서, 안녕 · 62

무언가 잘못되었다 · 67

이별에
이르기까지

상담의 시간 · 74

"지금 이 아이를 어떻게 하면 될까요?" · 74

"아이가 눈을 감지 못했는데 어떻게 하죠?" · 78

"마지막으로 목욕을 시켜줘도 될까요?" · 80

"눈을 감은 우리 아이, 집 앞마당에 묻어줘도 될까요?" · 81

"우리 아이 마지막 가는 길 '장례식장' 어떻게 선택해야 할까요?" · 83

"특수 동물의 장례도 가능한가요?" · 86

접수서의 빈칸을 채우다 · 88

장례를 시작하면 · 91

애도의 순간 · 96

그리고 · 99

"꼭 해야 할 마지막 의무 아시나요?" · 99

"우리 아이 유골, 집에서 어떻게 보관할까요?" · 101

펫로스증후군과
거리두기

펫로스증후군은 이미 시작되었다 · 106

아픈 아이를 돌보는 삶 · 114

조금은 불편했지만 많이 행복했던 · 114

나의 사랑 싼쵸 · 117

아픈 아이와 날씨 · 119

호스피스 단계의 반려동물들 · 119

충분히 애도하는 법 · 123

마지막으로 해야 할 일 • 129

첫 번째, 아이에게 사랑을 표현하세요. • 130

두 번째, 사진을 많이 찍어 두세요. • 131

세 번째, 아이의 털을 조금 모아 두세요. • 132

네 번째, 오랫동안 만나지 못했던 가족, 친구들을
만나게 해 주세요. • 133

다섯 번째, 버킷리스트를 준비하세요. • 134

여섯 번째, 장례식장에 대한 정보도 미리 알아보세요. • 136

일곱 번째, 남은 시간 집에서 함께해 주세요. • 137

여덟 번째, 아이의 마지막을 침착하게 지켜 주세요. • 138

가장 애쓴 이에게 • 139

이후의 삶

준비된 위로 • 146

죽음을 받아들이고 죄책감을 떨치려면 • 146

펫로스증후군은 주변인이 결정한다 • 151

문득 찾아오는 상실감, 그리고 후회 • 155

우울한 것만이 펫로스증후군은 아니다 • 158

돌아올 수 없는 아이들 • 160

슬픔은 참지도, 숨기지도 말고 • 163

남겨 놓은 추억은 평생을 대체한다 • 164

같은 아픔을 겪어낸 사람들 • 165

충분한 애도, 또는 시간 • 167

펫로스증후군, 그리고 그 후 • 169

일상으로 한 발자국 • 172

남은 아이에게 최선을 • 172

새로운 아이는 신중하게 • 174

반려동물
장례지도사로서

반려동물장례지도사의 이야기 · 180

반려동물장례지도사의 길 · 189

낯설지만 이로운 장례 문화 194
고양의 역장의 장례식 · 194
로봇 강아지, 세상과 작별하다 · 199

에필로그

이제는 모두가 안녕한 시간 · 202

부록
—
사후 기초
수습 방법

어쩌면 꽤 도움이 될 만한 이야기 · 205

강아지 사후 기초수습 방법 · 206

고양이 사후 기초수습 방법 · 217

사망 확인 · 228

기초 수습 · 228

사후 보존 · 230

운구 이동 · 231

장례식장 · 231

충분히, 우리가 아플 수 있다면

삶이 반복하듯, 죽음 역시 반복한다. 적어도 나의 하루에는 늘 죽음이 묻어 있다. 이제 막 아주 깊은 잠에 빠진 '아이'를 인도할 때마다 엄청난 중압감이 온몸을 가로지른다. 내가 할 일은 이 아이가 생의 바깥으로 넘어가는 순간을 축복하는 것이다. 살면서 지나치는 수많은 죽음 가운데 왜 하필 나는 여기 있는가, 스스로 질문할 때도 많다. 그렇지만 지켜야 하는 일이고, 그게 나의 직업 '반려동물장례지도사'의 일이다.

가족과 함께 행복한 삶을 살다간 아이, 아프길 반복하다 마침내 고통으로부터 자유로워진 아이, 처량한 삶 끝에 늦게나마 여기까지 잘 찾아온 아이……. 하루에도 몇 번씩, 이렇게 내게 온 아이들은 각기 다른 꿈을 꾼다. 하루의 반 이상을 자는 아이들에겐 익숙한 놀이일 수도 있다. 하지만 놀이는 결코 끝나지 않을 것이고, 남아야 하는 이의 삶에 관여할 것이다. 보호자들 역시 서로 다른 슬픔에 잠긴다. 나의 강아지가, 나의 고양이가, 또는 나의 햄스터가 이제 곧 세상에서 사라진다는 사실은 생각보다 안도적이다.

장례식장으로 연락을 취한 보호자 중에는 이미 패닉 상태인 보호자도 있고, 이미 울 준비를 다 마친 보호자도 있다. 물론 시종 담담한 목소리로 통화를 끝내는 보호자도 있다. 이들은 적어도 아이들의 장례 의향을 가진 사람들이다. 우리나라처럼 동물장묘업이 크게 발달하지 않은 곳에서 자신의 반려동물을 아낌없이, 끝까지 사랑해 주겠다는 의지가 있는 사람들이다. 그래서 그들로부터 사랑하는 반려동물을, 시간상의 제약으로 말미암아 억지로 끊어낸다면 가장 큰 '후회'를 남길 수도 있다.

아이가 숨을 거둔 지 이제 한 시간이 지났다고 한다. 병원에서 사망을 확인하고 어쩔 줄 모르겠다며 보호자는 알아봐 둔 장례식장으로 전화를 한 것이다. 그리고 가장 빨리 치를 수 있는 장례 시각을 문의했다.

"아이의 평생이었던 집에 돌아가셔서 가족과 조금이라도 시간을 보내고 오셔도 됩니다."

아이의 마지막은, 보호자라면 어느 정도 감지할 수 있다고 한다. 과학적으로 증명할 수는 없다. 보호자와 아이의 유대감에서 비롯한 본능이 작동하는 것이다. 그때부터 보호자는 아이에게 미안해하기 시작한다. 지난 세월 잘해 준 것보다 못해 준 것만 생각나 저 멀리 떠날 준비를 하는 아이의 모습을 지켜보는 게 괴로울 뿐이다. 그렇게, 조금씩 후회가 쌓인다.

그래서 나는 보호자에게 아주 작은 실천을 요구하고 있다.

사랑을 표현하세요.
사진을 많이 찍어 두세요.
털을 조금 모아 두세요.
오랫동안 못 본 가족이나 친구들이 있다면 만나게 해 주세요.
버킷리스트를 준비하세요.
장례식장에 대한 정보도 미리 알아보세요.
남은 시간 집에서 함께 해 주세요.
마지막을 침착하게 지켜주세요.

아이의 죽음 앞에서 담담해지라는 것이 아니다. 예상치 못한 죽음 외에는 이러한 절차가 중요하다. 아이를 경황없이 보내는 것은 지우지 못한 후회를 남긴다. 무엇보다 장례 이후 펫로스의 아픔으로부터 벗어나기 힘들다. 많은 보호자들이 싸늘히 식은 아이의 마지막 모습에 충격을 받아 신속히 장례를 치른다. 전혀 서두를 필요가 없다. 장례의 속도를 말하는 것이 아니다. 애도의 시간과 죽음을 받아들이는 시간이 현저히 적어지는 것을 경계해야 한다. 어영부영 아이를 보내고 정신을 차려 보면, '내 아이'는 세상에 없다. 그것이 장례다.

떠나보내는 데에도 기술이 필요하다. 아이와 잘 이별하길 바라는 보호자들은 보통 맹목적인 사랑과 헌신이 준비되어 있다. 하지만 그것은 나의 반려동물을 위한 것이지 본인을 위한 헌신은 아니다. 그래서 '나의 전부'라 생각했던 아이를 잃고 매우 불안정해진 정서 때문에 힘들어하는 이들이 많은 것이다.

나는 하루에도 몇 번씩, 그러니까 장례를 치르는 횟수만큼, 혹은 상담 전화를 받는 횟수까지 더하면 더더욱 많은 이야기를 접한다. 다만 이들이 마주할 아픔을 제대로 공감하고 이해해 줄 수 없는 현실이 안타까웠다. 이제 조금은 달리 생각해야 한다. 단순히 반려동물이 죽은 것이 아니다. '내 삶'의 궤적이 바뀐 것이다.

2020년 여름
강성일

죽음 앞에 서면

예상보다
깊은 슬픔

"나의 반려동물이 죽었다. 나에게 평생은 아니지만, 그 아이에게
난 평생이었을 거다."

반려동물의 죽음을 코앞에 둔 보호자의 마음에는 이미 죄책감과
무력감이 가득하다. 실제로 장례를 진행하며 만난 보호자는 아이를
더 이상 만날 수 없다는 슬픔보다, 아이에게 잘해주지 못했다는 죄
책감을 우선시한다.

한 보호자는 나를 보자마자 고해하듯 아이에 대한 미안함을 말하
기 시작했다. 예감은 틀리지 않았다며, 어젯밤 느낌이 이상해 급히

연차를 냈는데 밤사이 아이가 무지개다리를 건넜다고 했다. 보호자는 곧 오열할 테지만, 그도 알고 나도 알 듯 되도록 참아내야 한다고, 우리는 서로의 눈을 바라보며 이해했다. 조금 일찍 알아보았더라면 더 오래 같이 있어 주었을 텐데. 예상처럼 후회는 넌지시 보호자와 나 사이에서 공공연히 떠돌기 시작했다.

하지만 아이는 충분히 그 맘을 알았을 것이다. 우리 엄마가, 또는 우리 아빠가 이제 날 보내주는구나 하고 편안하고도 깊은 잠에 빠질 것이다. 자신을 위해 앞뒤 제쳐두고 옆에 있어 준 보호자가 충분히 고마울 것이다.

그래요, 우리 이렇게 여기기로 해요.

앞으로 예상을 훨씬 뛰어넘는 슬픔이 숙제처럼 남겨질 테니까. 그대들도 그간의 고생을 치하 받을 수 있어야 한다. 그럼에도 이제 막 주어지기 시작한 슬픔을 청산하기란 쉽지 않음을 애초에 알고 있으리라.

보통의 경우, 보호자들은 반려동물보다 조금 더 긴 삶을 산다. 바꿔 말하면 아이를 입양한 시점부터 이별을 상상할 겨를이 주어지는 것이다. 운명이다. 아이에게 평생의 친구이자 부모로서, 그들이 평생 누리지 못할 세계로 편입해 준 보호자에게는 애석하게도 이별의 의무까지 동반되는 것이다. 그렇다면 짧게는 며칠, 길게는 20년 가까이 한 식구로, 동반자로, 평생지기 친구로 살아온 존재를 위해 우리는 확실히 아파해도 된다. 충분히 사랑했으므로, 충분히 아꼈으므로 아파야 할 시간이 아무리 길더라도 우리는 충분히 견딜 수 있을 것이다.

슬픔이라면 충분히 견딜 수 있다.

말 그대로, '펫로스'는 사랑하는 반려동물을 잃음으로써 얻는 마음의 병이다. 10년 넘도록 함께 살아온 아이의 죽음 후 다른 아이를 들이지 못하거나, 평상시 문득 아이와의 추억이 생각나 슬픔을 겪는 증세다. 심하게는 우울증 증상까지 동반한다. 그렇다면 펫로스증후군은 정말 반려동물의 죽음 이후 생기는 말 그대로 '증후군'일까. 아니다. 펫로스로 인한 우울감은 반려동물이 죽음을 목전에 두었을 때는 물론, 일상 중 내 아이가 갑자기 떠난다는 상상만으로 불현듯 느껴지기도 한다.

죽음을 받아들이는 것이 아이에 대한 사랑을 축소하거나 추억을 무너뜨리는 일은 아니다. 실제로 화장을 마치고 유골함을 직접 전달할 때까지 많은 보호자들이 담담하고도 굳은 결기를 내비친다. 하지만 유골이 된 아이와 함께 집에 돌아가면 감당할 수 없는 비통함과 함께 겨우 견뎌냈던 하루를 슬픔으로 기록한다. 그렇게 슬픔은 호락호락하지 않다.

'오늘의 아이'는 곤히 잠든 채 평소보다 멀리 나들이를 나왔다. 혹시라도 아이의 작은 몸이 손상될까 조심스럽지만 정성스럽게 염을 하고 보호자가 고민 끝에 고른 수의를 입혔다. 가족들만의 작은 공간에는 평소 아이가 좋아했던 간식과 장난감, 애착인형을 두었다. 아이는 작은 관 안에서, 깨우면 금방이라도 일어날 것 같은 얼굴로 먼 여행을 준비하는 중이다. 보호자가 충분히 슬퍼할 수 있는 마지막 시공간이다. 매우 넉넉한 시간을 들여 오래된 사진을 바라보거나, 어색하지만 진심으로 편지를 가득 채우면서 보내는 이 시간이 매우 중요하다. 반려동물의 죽음을 온전히 받아들이는 과정이며, 아이에게 사랑한다고 말할 수 있는 마지막 기회이기 때문이다.

그렇게 아이는 떠난다.

어린아이에게도
슬픔이 필요하다

가족들의 장례식장 방문이 늘고 있다. 불과 몇 년 전만 해도 반려동물의 장례를 치른다고 하면 '호들갑'이라거나, '유난 떤다'는 말을 듣기 일쑤였다. 반려동물과의 생활이 자연스러워지고 동물권에 대한 인식이 높아지면서 반려동물과 함께 살아가는 데 반드시 필요한 시설들도 조금씩 갖춰지고 있다. 물론 아직 갈 길이 멀지만, 반려동물의 죽음을 충분히 애도할 수 있는 시설이 있다는 것만으로 우리는 떠나보내는 '나의 동물'과 최소한의 인사를 할 수 있다.

또한 이전과 달리 어린아이를 동반한 가족들이 함께 장례식장을 찾고 있다. 딱히 이상할 것 없는 광경이지만, 얼마 전까지는 보호자

한둘이 반려동물의 차가운 몸을 끌어안고 조용히 명복을 빌고 가는 편이었다. 반려동물을 가족 구성원으로 편입한 가정이 늘면서 가족 모두가 장례식에 참석하여 함께 슬퍼해야 한다는 인식이 자리 잡은 것이다.

어느 가족은 13년을 함께한 시츄의 주검을 데리고 왔다. 보호자가 독립하면서 처음으로 생명이라는 것을 책임지게 만든 또리였다. 그렇게 또리는 보호자의 새 가족으로 지냈다. 그러다 보호자가 결혼하게 되고, 그 사이에서 사내아이가 태어났다. 보호자는 옹알이를 시작한 아기에게 또리를 형이라고 소개했다. 그렇게 시간이 흘러 사내아이는 이제 일곱 살이 되었고 가족의 죽음을 처음으로 체감하기로 한 것이다.

장례식장에 따라 다르지만, 나는 만 13세 이하의 아동을 동반할 경우 보호자에게 장례 절차를 충분히 설명하고 혹시 모를 경우를 대비해 미리 주의사항을 안내한다. 보통은 화장 직전 분향 단계까지 추모실 입실을 허가하거나, 화장 단계까지 참관시키거나, 둘 중 하나의 선택권을 제시한다. 어차피 장례식장까지 동행했다는 것은 가족으로서 함께 슬퍼하고 떠나는 아이에게 충분한 명복을 빌어 주기 위한 바람이 바탕하고 있기 때문이다.

성인 보호자는 보통 직간접적으로 장례라는 형식과 절차를 경험해 보았기 때문에 다소 힘든 상황일지라도 어느 정도 슬픔을 대비할 수 있다. 하지만 어린아이의 경우 아무것도 모른 채 사랑했던 반려동물의 마지막 길을 배웅해 준다는 다소 은유적인 표현을 듣게 되는데, 이를 장례 절차와 연결 짓기란 쉬운 일이 아니다. 아무런 미동도 없는 반려동물의 몸에 염을 하고 수의를 입힌 모습은 단 한 번도 상상해 본 적 없는 광경이기 때문이다.

이때 부모는 둘 중 하나의 선택을 한다. 하나는 장례지도사에게 도움을 청하는 것이다. 아이에게 이 상황을 대신 설명해 달라는 요청이 대부분이다. 장례지도사로서 가장 난감한 순간이기도 하다. 애초에 보호자의 슬픔은 담당 장례지도사인 내게 충분히 전이된 상태인데, 이 감정을 이 아이에게 잘 설명할 수 있을까.

사실 아이는 알고 있다. 지금 무슨 일이 벌어지는지, 어느 정도 예감한다. 나는 아이에게 반려동물의 죽음을 선언하기보다 죽음을 체감하는 것은 지극히 자연스러운 일이고, 엄마 아빠의 슬픔 역시 당연하다는 점과, 저 멀리 떠나는 반려동물에게 충분한 인사를 하라고 유도하는 편이다.

또는 부모가 직접 교육의 의도를 갖고 설명하기도 한다. 비록 반려동물의 장례를 처음 치르는 보호자들이지만, 아이에게 가족과 잘 이별하는 법을 직접 가르치고자 하는 마음에서다. 모두가 낯선 죽음 앞이지만 부모로서, 같은 식구로서 이렇게 잘 떠나보내야 이 아이가 앞으로 살아가면서 불현듯 느끼게 될, 혹시 모를 후회와 아쉬움을 조금이라도 덜어줄 것이라는 믿음이 있어서일 것이다.

또리처럼 자녀보다 먼저 가족이 된 반려동물은 어린아이가 성장하면서 형이나 오빠가 될 수 있고, 누나나 언니가 될 수 있다. 그리고 누구보다 살가운 친구도 될 수 있다. 그래서 자녀 몰래 반려동물의 장례를 치른 뒤, 더 좋은 데 보냈다거나 하는 거짓말은 매우 가혹한 배신일 수 있다. 생각보다 아이들은 강하고 누구보다 반려동물을 사랑한 주체이기 때문이다.

보통 추모실 안에서 아이들은 덤덤한 표정으로 엄마 아빠의 행동을 주의 깊게 관찰한다. 낯선 공간에서의 생경한 장면은 곧 어린아이에게 선명히 기억될 죽음의 이미지일 것이다. 그리고 한 사람씩 헌화하는 순서에 일이 터진다. 아이의 작은 손에 국화 한 송이를 쥐어 주면서 이제 마지막으로 인사할 시간이라고 설명하는 순간, 아이는 무엇인지 모를 슬픔과 이제 체념해야 한다는 감정을 동시에 느끼면서 엄마와 아빠가 그랬던 것처럼 울음을 터트린다. 그러면 나는 당연한 것이라며, 너의 울음이 잘못되거나 창피한 것이 아니라는 것을 말해 준다.

아이에게 '마지막'은 생각보다 금세 찾아왔고 처음 겪는 이 이상한 감정이 무엇 때문인지 정확히 알 수 없을 것이다. 하지만 그 감정이 평생 잊기 힘든 울음을 동반했다는 사실을 저도 모르게 기억할 것이다. 수많은 '마지막' 중에서 자신보다 더 많이 살다 간 강아지, 혹은 고양이, 아니면 다른 소동물의 마지막을 지켜 주는 일이 얼마나 가치 있고 필요한 것인지 톡톡히 겪고 돌아가게 되는 것이다.

우리는 반려동물의 장례를 도울 뿐이다. 보호자에게 충분히 슬퍼할 여력을 주는 것이 임무이다. 아이들에게 있어서 너무 일찍 만난 죽음이 쉬 가라앉지 않을 감정을 불러일으킨다고 한들, 그것이 호들갑이나 유난은 결코 아니다. 장례는 원래 그런 것이다.

길 생활이
끝나면

힘든 삶을 마감한 아이를 건네받으면 녀석의 고단했던 지난 삶을 가늠할 수 있다. 길고양이였던 까미는 캣맘에게 구조되어 얼마 남지 않은 생을 모두 소진하고 내게 왔다. 캣맘이었던 보호자는 2년 전 유기된 까미를 만나 밥과 물 정도만 챙겨 주었다고 한다. 검정색 턱시도 무늬를 가진 까미는 사람을 좋아했고 이미 중성화되어 있는 것으로 보아 누군가 키우다 유기했을 것으로 추정되었다. 그 때문에 보호자는 까미가 부디 고단한 길 생활에 하루 빨리 적응하길 바랐다.

다행히 계절 갈이를 몇 번 겪으며 까미는 씩씩하게 잘 지냈다고 한다. 캣맘이었던 보호자에게 매일 같은 곳을 지날 때마다 마중 나와 애교부리는 까미가 조금 더 특별했다. 다만 그 아이가 골반이 으스러진 상태로 발견되기 전까지 말이다. 며칠째 보이지 않던 까미를 찾아 나섰고 이름을 부르며 온 동네를 찾아다니다 어디선가 작은 울음소리를 들었다고 한다. 나무 팔레트 안에서 반짝이던 눈을 찾았고 금세 한시름 놓았다고 한다.

평소 좋아하던 간식으로 유인해도 까미는 나오지 않았다고 한다. 할 수 없이 팔레트를 거두자 까미의 뒷발은 아무런 힘도 없이 축 늘어져 있었고, 피딱지가 엉겨 붙어 있었다고 한다. 며칠째 아무것도 못 먹었는지 앙상한 등뼈가 육안으로도 확인되었다고 했다.

달리 생각할 것 없이 까미를 들고 간 병원에서는 골반 및 하반신 골절로 신경이 죄다 끊어져 마비되었다고 했다. 수술로도 돌이킬 수 없는 부상이었고, 무엇보다 장기까지 다쳐 지금도 매우 고통스러울 것이라고 했다. 밥과 물의 섭취 역시 끊겼기 때문에 며칠을 버틴 것조차 기적이라고 했다. 까미는 입원방 구석에 몸을 붙이고 평온한 얼굴을 하고 있었다고 한다. 오히려 이렇게 가도 여한이 없다는 듯한 표정이라고 했다. 병원에서는 손 쓸 수 있는 방도가 없었으며, 까미의 고통을 줄여주는 정도의 진료만 가능하다고 했다. 물론 마지막 방법은 안락사였지만 수의사 역시 그 단어를 직접적으로 꺼내진 않았다고 했다.

그날 새벽 까미는 그간의 삶이 그토록 고단했다는 듯 그나마 움직일 수 있던 앞발을 베고 잠들었다고 했다. 까미는 이제 더 이상 내일을 걱정할 필요가 없었다.

너무 가벼웠던 까미의 주검을 건네받고 염습실로 들어가 아이의 몸을 조심히 닦아냈다. 생각보다 평안해 보이는 얼굴에는 후회 따윈 남아 있지 않았다. 움직일 수 없었던 하반신을 닦아내고 자신의 의지와 상관없이 배설했던 항문도 공들여 닦아줬다. 2년 넘게 길 생활을 해서 딱딱해진 발바닥 젤리의 색깔이 하얗게 변해 있었다. 굳은살이 박여 딱딱한 젤리를 조심스레 눌러보았다. 그만큼 까미의 고단했던 삶이 내게 옮겨져 왔다. 그토록 힘든 생활 끝에, 다른 세상에 가더라도 마지막엔 편안하고 온전하게 명복을 빌어 주길 바라는 보호자의 마음을 충분히 이해할 수 있었다.

장례지도사로서 여느 때보다 최선을 다해 까미의 장례를 치렀다. 길냥이라서 추모실에 놓인 사진들이 마땅치 않았다. 캣맘이었던 보호자가 아주 멀리서, 혹은 급히 찍은 사진뿐이었다. 하지만 오히려 그 사진들을 보는 순간 나는 울음을 참을 수 없었다. 애초에 행복하게 집고양이로 살았을 까미는 영문도 모른 채 버려졌을 테고, 형언할 수 없을 정도로 고통스러운 사고를 당했다. 하지만 이 아이에게 행복했던 기억은 아마 자신을 버린 주인과 지냈던 얼마간의 생활일 것이다. 누구라도 행복한 기억을 길 생활로 꼽진 않을 테니까.

나는 까미의 장례를 치르고 한동안 감정을 추스를 수 없었다. 까미가 행복했을 거라 생각해서다. 보호자에게 발견되길 간절히 바랐을 거다. 그리고 다행히 보호자에게 발견된 것이다. 그것이 죽음의 경계에서 쉽게 자신의 삶을 내놓지 않았던 이유다. 까미는 그래서 행복했을 것이다. 내 손으로 녀석의 행복을 조금이라도 키울 수 있었다는 사실이 묘한 감정의 기복을 불러일으켰다.

'아, 이 일이 내 일이구나. 단지 말 못 하는 동물의 장례를 치러주는 사람이 아니라, 그들의 삶을 대신 복기해 주는 사람이구나.'

떠나간 반려동물을 그리워하는 마음의 토대도 여기에 있다고 생각한다. 함께한 시간이 길지 않다면 알 수 없는 정서가 그 시간만큼 축적되어 그리움의 크기로 환산되기 때문일 것이다. 무엇보다 장례지도사로서 까미와 같은 아이들의 짧은 삶을 대신 기억해 줄 수 있다는 것이 다행이었다. 그것이 내 일이다. 그렇게 오늘도 아이들의 삶을 기억해 둔다.

린이와
함께한 시간

린이는 내게 각별한 아이 중 하나다. '린이언니'라는 닉네임으로 SNS 계정을 운영 중인 말티즈 린이의 보호자를 처음 만난 것은 2017년 처음으로 열린 '보호자와 함께 하는 펫로스를 준비하는 방법'이라는 세미나였다.

당시 나는 처음이었던 것이 너무 많았고 또 서툴렀다. 지금이야 이런저런 행사나 강연에서 청중을 앞에 두고 하고자 했던 얘기를 하는 편이지만, 그땐 한두 명 앞에서도 마이크를 잡고 말하는 게 매우 부담스러웠다. 그들에게 펫로스증후군에 대해 설명하고 펫로스를 준비하는 방법을 안내하고자 했던 이유는, 반려동물보호자라면 반드시 가져야 할 책임감을 심어 주고 싶어서였다. 또한 그 이후의 삶은 어떻게 할 것인가에 대해 내 생각을 전달하는 자리이기도 했다. 나의 한마디가 누군가에게는 한없이 무거운 의미로 받아들여질 수도 있겠다는 생각에 단어 하나, 어미 하나를 머릿속으로 천천히 곱씹으며 강연을 해나갔다.

얼마 뒤 내 눈앞에 작고 하얀 말티즈 한 마리가 서툴지만 고집 있게 한 걸음 한 걸음을 내딛고 있었다. 뒷다리가 불편한지 장애견용 휠체어에 의지한 채 나를 향한 시선을 빼앗고 있었던 것이다. 한껏 집중력을 끌어올리고 무대로 올라 마이크를 잡았지만, 이내 나는 집중이고 뭐고 그저 그 아이의 예상치 못한 '퍼포먼스'를 보면서 흐뭇한 미소를 한껏 머금어 버렸다. 한편으로는 마음이 너무 아팠다.

조금은 무겁고 정숙한 분위기가 스르르 녹는 순간이었다. 나의 헛웃음이 티가 났는지 청중의 관심은 이제 제약 없이 그 아이에게 모두 쏠렸다. 그 아이가 바로 린이였다. 그때 린이는 십여 년째의 해를 살아오고 있었다. 행사가 마무리되고 린이의 보호자는 내게 정말 좋은 자리였고 이런 자리에 린이와 함께 올 수 있어서 정말 좋았다는 소감을 전했다.

그날 갑자기 찾아온 묘한 감정은 꽤 오랫동안 내 마음을 들쑤셨다.

나는 여태껏 세상과 이별한 동물들만 만나왔다. 그러니까 내가 일하고 있는 곳은 반려동물장례식장이고, 나의 직업은 반려동물장례지도사이기에 내가 살아 있는 동물들과 지금 이곳에서 만나리라고는 전혀 생각하지 못했던 거다. 그런 곳에, 이미 많은 아이들이 잠들어 있는 곳에서 린이는 아무것도 모르고(아마 그때는 정말 아무것도 몰랐던 게 분명하다) 신나게 놀다 간 것이다.

 린이의 보호자가 린이를 데리고 장례식장에 방문했던 의중은 나중에야 알 수 있었다. 보호자는 언젠가 린이와 이별할 때, 도움이 될 만한 강연을 찾고 있었다고 했다. 다만 몸이 불편한 린이를 혼자 둘 수 없어 어쩔 수 없이 동반했지만, 강연이 열리는 곳이 장례식장이라는 사실에 썩 유쾌한 동행일 리 없었을 것이다. 보호자 역시 오는 내내 몇 번이고 차를 돌리려 했다고 털어놓았다. 하지만 모든 행사가 끝나고 인사를 나눌 때는 함께 와서 다행이라고, 정말 뜻 깊은 시간이었다는 얘기를 해 주었다. 린이의 보호자는 어쩌면 나중에 린이와 마지막 인사를 나누게 될지도 모를 곳에 오면서 나름대로 펫로스증후군에 대해 깊이 고민하고 대비하고자 했을 것이리라. 다만 우연치 않게 린이와 함께였던 거고 잊지 못할 기억을 남기게 된 것이다.

 물론 내게도 잊기 힘든 날이 되었다. 내가 매일 일하는 공간은 항상 죽음의 그림자가 드리워진 곳이고, 하루에도 몇 번씩 이별과 후회의 감정이 가득 들어차는 곳이라고 생각했다. 마치 살아 있는 존재들의 출입이 금기시되는 곳이라고만 여겼던 장례식장이 도리어 생명의 활력이 넘치는 공간이 될 수도 있겠구나, 라고 생각해 볼 수 있었다.

첫 번째로 진행되었던 '보호자와 함께 하는 펫로스를 준비하는 방법' 세미나가 무사히 끝이 나고 린이의 소식이 궁금하던 차에 린이의 보호자가 운영하던 SNS 계정을 알게 되었다. 린이는 뇌가 다치게 되어 병을 앓고 있었고 하지 마비뿐만 아니라 종종 경련과 발작 증세를 견디며 생활하고 있었다. 하지만 린이 보호자의 극진한 보살핌 덕분에 꾸준히 새로운 세월을 갱신해 나가고 있는 중이었다.

그렇게 2년 동안 난 SNS를 통해 린이의 소식을 알 수 있었다. 비록 '랜선 삼촌'에 불과했지만, 린이는 항상 밝고 넘치는 사랑을 받고 자라온 덕분에 힘든 삶을 조금씩 이겨내고 있다는 느낌마저 받을 수 있었다. 린이의 일상은 몸이 불편하고 지병을 앓고 있다고 해서 불행하다거나 안타까워 보이지 않았다. 오히려 린이를 통해 지친 내 마음이 치유 받는 것 같았고 하루하루를 지탱할 수 있는 힘을 공급받는 기분이었다. 그래서일까, 린이의 팬들은 이미 수천 명이었고 그들의 한 마디 한 마디 응원을 받고 린이 역시 하루하루 행복한 시간을 보내고 있었다.

그리고 계절이 몇 번 바뀌고 다시 매섭게 추운 새해가 돌아왔다. 여느 때와 다름없던 1월의 어느 날이었다. 장례 문의를 주로 받는 업무용 휴대폰이 아닌 개인 휴대폰으로 전화 한 통을 받았다. 그리고 매우 낯익은 이름을 들었을 때 직감했다.

'아, 린이가 소풍을 떠났구나.'

하루에도 몇 십 통씩 이름도, 얼굴도 모르는 아이들의 마지막 소식을 듣는 것만으로 감정이 동요되지만, 린이의 소식은 무엇인가 내 마음에서 가장 연약한 부분을 예고 없이 건드리는 기분이 들었다. 린이의 보호자는 2년 전 나와의 인연을 기억하고 그때 받은 내 명함을 찾아 연락해 주었다.

린이는 장례식장에 오기 전에 마지막 목욕을 했고, 보호자 품에 안겨 마지막 산책을 다녀왔다. 그리고 4년 동안 제 집처럼 드나들었던 병원 원장님과도 인사를 했다. 린이의 장례가 확정되고 장례식장으로 린이의 장례 일정을 묻는 전화가 빗발쳤다. 나는 그날 오후 린이의 장례가 치러질 별관에 린이 외의 다른 장례를 잡아 두지 않았다. 추모객들의 방문이 예상되었기 때문이었다.

예상대로였다. 린이의 장례 절차가 시작되기 전부터 린이의 명복을 빌기 위해 많은 추모객들이 별관을 방문했다. 그들은 린이를 위한 마지막 선물을 준비하거나 직접 헌화를 하며 명복을 빌었다. 그뿐만 아니라 린이가 생전에 함께 뛰놀았던 반려견 친구도 직접 추모실을 방문해 수의를 예쁘게 입고 누운 린이 앞을 지켜 주기도 했다. 린이는 마치 존재만으로도 많은 사람들에게 행복을 전파했던 아이처럼 보였다. 추모실에는 밤늦게까지 여러 사람들이 오갔고, 린이는 비로소 밤하늘에 빛나는 별 하나가 되었다.

린이의 장례 절차가 모두 끝나고 일주일 후 린이의 보호자가 다시 장례식장을 찾아왔다. 린이의 사진이 붙은 선물을 전해 주기 위해서였다. 덕분에 린이를 잘 보낼 수 있었다며 나를 포함한 장례지도사들에게 고마움을 전하고 싶었다고 했다.

린이의 보호자, 그러니까 린이 언니는 린이의 생전에 한 번, 린이의 장례를 위해 한 번, 린이를 잘 보내고 나서 다시 한 번 나를 찾았다. 나를 그토록 믿어 주었구나, 생각하니 부끄럽기도 하고 한편으로는 마음을 다해 후회 없이 아이를 잘 보내 주어서 한결 마음이 편했다. 린이, 그 작은 강아지가 나를 포함한 사람들의 선한 마음을 끌어 모으고 있었던 것이다.

몰래 온
수의사

이상하게, 장례식장을 자꾸 찾는 수의사가 있다. 지금은 익숙해졌지만, 처음 봤을 때부터 그는 분명 얼핏 봐도 수의사였다. 동물병원에서 방금 막 나온 것처럼 근무복 위에 재킷만 걸치고 크록스 슬리퍼를 신은 채였기 때문이다. 지금 장례 절차가 진행 중인 아이를 보러 왔다고 했고, 자신이 그 아이의 주치의라고 했다. 그러니까 그는, 지금 추모실 안에 고이 누워 있는 작은 강아지의 사망 판정을 직접 내린 지 채 하루도 지나지 않아서 찾아온 거였다.

사실 동물병원에서 장례식장을 소개하거나 대신 예약해 주기는 하지만 담당 주치의가 직접 찾아와 추모하는 경우는 거의 없다. 물론 그것이 이상하다거나 잘못된 것은 아니다. 그저 지금껏 생각해 본 적이 없었기에 놀랐을 뿐이다.

그는 '버려진 동물을 위한 수의사회(흔히 버동수라고 부르기도 한다)' 소속으로 평소에도 유기동물 구조와 복지를 위한 활동을 활발히 하고 있었다. 그러나 그렇다고 해서 자신이 담당했던 아이의 장례식에 참석하는 수의사가 과연 몇이나 될까. 그를 처음 만났을 때 마주친 생경한 광경은 그날 이후로 한 번, 두 번 그리고 몇 번이나 반복되었다. 그때마다 혼자 조용히 눈물을 흘리다 돌아가는 모습을 보는 것도 이제는 제법 자연스러워졌다.

자신이 돌보던 아이에게 마지막 인사를 하고 싶다는 마음이 컸을 것이다. 아이러니하게도 아이가 아팠기 때문에 만날 수 있었던 관계였다. 어쩌면 수의사로서 아픈 아이를 끝내 돕지 못했다는 자책 때문일지도 모른다. 혹은 아픈 아이들이 병원 밖을 나서는 순간이 아니라 하늘로 홀로 소풍을 떠나는 지점까지 배웅하는 것을 자신의 책무라고 여기고 있는지도 모른다.

많은 이들이 수의사나 동물병원 관계자들은 동물을 의료 대상으로 보기 때문에 동물의 죽음에 대한 감정의 기복이 크지 않을 것이라고 착각한다. 하지만 반려동물장례지도사로서, 내가 봤을 때 그건 크게 잘못된 생각이다. 내 경우 몇 년 동안 하루에도 십수 마리의 주검을 마주하다 보면 무뎌질 법도 한데 결코 그렇지 않다. 장례를 치르는 아이들의 수에 따라, 혹은 아이들이 가진 사연에 따라 그 고통과 슬픔은 그날그날의 차이만 있을 뿐 전혀 괜찮을 리 없다.

홀연히 나타나서는 마음을 담아 조문을 하고 잠시 눈물을 훔치는 게 전부지만, 주치의 입장에서는 이제 '그것밖에' 하지 못하기 때문에 진심으로 명복을 빌어 주고 싶었을 것이다. 거기까지가 자기 할 일이라고 규정한 것이다. 크게 어려운 일은 아니지만 결코 쉽지 않은 일일 것이고 자신의 위치와 사정을 고려했을 때 마음 깊은 곳에서부터 움직이지 않으면 절대 할 수 없는 일이었을 것이다. 하지만 그래야 한다는 확고한 신념을 갖고 아이의 눈을 감겨 주었던 손을 이제는 간절히 모아 마지막 인사를 하려는 거다.

수의사와 장례지도사가 장례식장에서 서로를 격려하는 모습은 지금껏 생각해 보지 못했다. 수의사의 손을 떠나 내 손에 전달되는 것은 죽음뿐이라고 생각했다. 하지만 이제 생각이 바뀌었다. 그것은 죽음이 아니라 아이의 마지막 호흡을 목격한 자의 정중한 부탁이었다. 우리는 아이들과 뛰어놀지는 못했지만 저기 멀고도 평화로운 곳에서 행복하게 뛰어놀 수 있도록 마음을 다해 줄 수 있는 사람이었던 것이다.

조금만 더
기다려

우리 장례식장에는 막 도착하여 장례 절차를 밟는 반려동물과, 화장 후 납골당에서 평화롭게 잠든 반려동물이 있다. 그리고 간혹 예외인 아이들이 있다. 숨은 거두었지만 장례를 치르지 못한 채 냉장시설에 임시 안치된 아이들이다. 말 그대로 일정 기간 아이의 몸이 부패하지 않도록 저온 상태에서 보존하고 있는 것이다.

보통 임시 안치는 아이가 사망한 후 장례 일정이 잡히지 않거나 며칠 내로 장례가 여의치 않을 경우 병원에서 맡아 주기도 한다. 하지만 보존 시설이 완비되어 있어야 하기에 임시 안치가 가능한 병원은 적은 편이다. 이 역시도 아주 부득이한 경우에만 해당되고 냉장 시설이 아닌 냉동 시설에 보존하는 곳이 대부분이다. 임시 안치 후 본격적인 장례를 진행할 때쯤에는 체내 수분과 피모가 아랫방향으로 흘러내려 냉동상태로 굳어진 채 보존되기 때문에 생전 외형을 잃어버리게 된다.

반려동물장례식장 역시 이러한 문의를 받을 때가 있는데, 나는 부득이하게 3일 안에 장례를 치르지 못하는 상황이라면 굳이 장기간 냉동 안치보다는 냉장 안치를 권하는 편이다. 문제는 그러한 시설을 갖춘 반려동물장례식장이 많지 않다는 점이다.

그렇다면 반려동물장례식장에서 앞서 말한 '부득이한 경우'가 생기는 이유는 무엇일까. 종종 임시 안치 가능 여부를 묻는 연락을 받는다. 기초 수습과 보존 환경만 잘 조성해 준다면 아이의 몸은 72시간까지 부패가 진행되지 않는다. 이보다 더 늦게, 즉 부패가 진행되기 시작한 뒤 장례를 치러야 하는 상황이라면 최대 5일까지 냉장 안치를 한다.

대부분은 가족 중 외국에서 생활하고 있거나, 당장 장례식에 참석할 수 없는 사정이 있는 경우이다. 예전에는 한 가족 전체보다는 핵심 보호자 한두 명이 아이의 장례를 맡아 치르는 편이었다. 하지만 최근 몇 년 동안 반려동물의 장례식에 가족 구성원 전체뿐만 아니라

지인들까지 참석하는 양상을 보이기 시작했다. 이러한 인식 변화로 인해 이제는 해외에 체류 중인 식구가 현지 일을 급히 정리하고 귀국하는 시간을 국내의 가족들이 되도록 기다려 주는 편이다.

언젠가 국제 전화로 연락을 받은 적이 있다. 당시 미국에 유학 중이던 보호자는 임시 안치가 가능한지와 그 외 장례 절차를 물어보았다. 다음 날, 보호자의 부모님이 열다섯 살 말티즈 둥이를 데리고 장례식장을 방문했다. 나는 그 작은 몸을 건네받고 먼저 염습한 뒤 보호자가 준비한 수의를 입혀 냉장 시설 안에 안치했다.

그리고 나흘 후 미국에서 유학 중이던 보호자를 포함한 가족 네 명이 장례식장을 다시 방문했다. 나는 방문 시각에 맞춰 둥이를 꺼내 혹시 모를 훼손이나 오염은 없는지 확인했다. 둥이를 오랜만에 만난 보호자는 말끔한 아이의 모습을 보고는 안도하는 듯했다. 그러고는 그제야 마음껏 슬퍼하기 시작했다.

둥이가 며칠을 더 기다려 주었기 때문에 가능한 일이었다. 둥이는 숨을 거두고 나흘 동안 홀로 차가운 냉장실 안에서 가족들을 기다렸다. 하지만 그 작은 아이가 기다린 보람이 있었던 걸까. 사랑했던 가족 모두가 한자리에 모여 자신을 위해 울어 주고 사랑한다고 하염없이 말해 주고 있다니 말이다.

이처럼 여러 가지 상황이 딱 들어맞아 함께 장례를 치르는 경우는 매우 운이 좋거나 그만큼 보호자가 자신의 삶의 일정 부분을 포기하고 노력했기 때문에 가능하다. 유학 중이던 학교의 방학 기간이 아니면 학기 중에는 잠깐이라도 들어올 수도 없고, 직장이나 사업을 다 내팽개칠 수도 없는 노릇이기 때문이다. 하지만 반려동물의 임종을 못 지켰다거나 장례식에 참석하지 못했다고 해서 도덕적, 윤리적 문제가 발생하는 것은 결코 아니다.

이제는 반려동물장례식장에서도 임시 안치 방식을 조금 더 이해하려고 노력 중이다. 그 방식이 어떻든 한 생명의 명복을 한 사람이라도 더 빌어 줄 수 있다면 마땅히 그러는 편이 낫다고 생각한다. 어떤 가족은 영상 통화로 타국에 있는 다른 가족에게 장례식 과정을 중계하기도 한다. 예전과 달리 점점 비슷한 문의가 느는 추세이다. 한 마리의 반려동물이 생을 마감한 것으로 이해하기보다 사랑하는 가족이 세상을 떠났다고 받아들이는 반려 가정들이 많아진 것이다.

모두가
사랑한 아이

모 기업은 사회공헌사업으로 시각장애인을 위한 안내견 훈련 및 기증 사업을 오랫동안 진행하고 있다. 은퇴한 안내견이나 도우미견의 장례를 진행해 본 적은 종종 있었다. 그러나 래브라도 리트리버 수호의 장례식은 내게 조금 특별했다.

세 부모들이 추모실에 함께 들어왔다. 총 다섯 명이 자신을 엄마 또는 아빠라 불렀다. 수호는 태어나고 얼마 후 사회화 과정의 일환으로 1년간 위탁 가정에서 지냈다. 이를 '퍼피워킹'이라고 한다. 생후 7주 이후부터 위탁이 가능하기 때문에 새끼 때부터 사람과 유대를 쌓는 법을 배우는 기간이다.

그렇게 1년간 사회화 과정을 거친 뒤 수호는 정식으로 안내견 훈련소에 입소했고, 그곳에서 담당 훈련사와 8개월간 안내견으로서 성장했다. 안내견으로 모든 훈련을 마치고 까다로운 시험을 거친 후 10년이 넘도록 보호자 곁을 지켜 온 것이다.

수호의 장례식에는 위탁 가정의 부모와 보호자, 그리고 훈련사까지 수호의 생애를 전부 책임진 사람들이 모두 모였다. 모두가 최선을 다한 장례식이었다. 처음에는 이러한 상황이, 그러니까 누가 누구의 부모라는 것조차 헷갈릴 수 있는 상황이 생소하게 느껴졌다. 내가 보호자 가족을 맞이할 때 가장 먼저 하는 말은 "참석을 못 하신 분이 계신가요?", "더 오실 분 계신가요?"이다. 이 말은 보호자와 가족 외에도 아이를 사랑해 주었던 모든 사람을 가리키는 물음이다. 되도록 아이의 명복을 비는 자리엔 아이의 사랑을 받거나, 아이에게 사랑을 준 사람들이 함께하길 바란다. 예약 전화나 상담 전화를 받을 때 역시 아이를 사랑해 줬던 분들에게 되도록 많이 알리고 장례 참여 역시 가능하니 함께 오시라고 권하는 편이다.

이유는 단순하다. 사람의 장례식과 반려동물의 장례식이 달라야 할 이유가 없기 때문이다. 그런 점에서 수호의 장례식에는 수호의 일생에 관여했던 부모들이 모두 모여 각자가 달리 기억하는 수호의 모습을 기리고 명복을 빌어준 것이다. 특히 안내견은 10여 년 동안

보호자를 돕지만 노견이 되어 은퇴하게 되면 처음 위탁되었던 가정
으로 다시 돌아가 여생을 보내기도 한다.

사실 사회화를 위해 새끼 때 위탁된 가정에 노견이 되어 다시 돌
아가는 것은 흔치 않다. 긴 세월 동안 자원봉사자로서 위탁을 맡은
가정의 상황이 이전과 같다는 보장이 없기 때문이다. 하지만 수호의
위탁 부모는 노견이 된 수호를 기꺼이 다시 맡아주었다. 안내견으로
서는 은퇴했지만 곧 나이 들 일만 남은 수호는 위탁 부모의 반려견
이 된 것이다. 그리고 이제 모든 수고를 내려놓고 아주 먼 세상으로
넘어가기 전, 훈련사와 시각장애인 보호자와 함께 장례를 준비한 것
이다.

세 부모의 기억, 그러니까 어렸을 때의 수호와 훈련견으로서의 수
호, 안내견으로서의 수호, 그리고 노견으로서의 수호를 합쳤을 때
비로소 수호의 일생이 완성되었다. 모두가 필사적으로 수호에게 고
생했다고, 이제는 편안히 마음껏 뛰어놀라고 마음을 전했다. 수호는
정말 행복했을 거다. 사랑을 주었던 이들이 마지막 길에 배웅 나와
주었기 때문이다.

나는 이토록 완벽한 장례를 처음 경험했다. 지극히 안내견을 위한
장례식이었고, 그와 관련된 사람들 모두 기꺼이 협조했다. 장례식이

진행되는 순간부터 장례지도사인 나도 그와 관련된 사람 중 하나인 것처럼 느껴졌다. 슬픔만 가득했던 추모실에서는 하나하나 각자가 기억하는 수호의 일상이 수놓아지기 시작했다. 마치 저 멀리 혼자 걷는 길에 하나씩 하나씩 엄마 아빠들이 조심히 가라며 계단을 놓아 주듯 말이다.

평생 '시각장애인 안내견'이라고 쓰인 하네스를 입었던 수호에게 수의를 입혀 놓자 부모들은 차례로 수호의 몸을 정성껏 쓰다듬어 주었다. 시각장애인 안내견으로 거의 평생을 살아온 수호에게 보호자의 손길은 소통이었고 교감이었다. 그렇게 마지막 교감을 나누고 한 사람씩 헌화를 했다. 사실 장례지도사는 추모 중 장례 의식을 도울 뿐이지 참여하지는 않는다. 그것이 바른 도리라고 여겼다. 하지만 수호가 어떠한 삶을 살았는지 수호 부모들의 증언을 들었을 뿐더러, 이제 나 역시 수호의 삶에 관여된 사람이구나, 하는 생각을 할 수밖에 없어 나는 조용히 마지막 차례로 국화 한 송이를 놓았다.

안내견이라 특별한 건 아니다. 반려견을 한 가족으로 대우하고 충분히 사랑하는 모습은 그 어떤 가족보다 돈독해 보였다. 모두가 한마음으로 반려동물의 삶을 응원하고 마지막을 추모하는 일은 생각보다 쉽지 않다. 그렇기에 이토록 완벽한 추모는 생각보다 흔치 않던 것이다.

앞으로 시각장애인 엄마의 삶이 계속되듯 새로운 안내견과의 생활
역시 지속되고 있다. 아마 이 아이 역시 수호처럼 행복하게 남은 생
을 보낼 확률이 높을 것이다.

우리는 수호가 고마웠다.

처음이기에
선명한 장면들

현재 근무 중인 반려동물장례식장에서 나는 가장 오래된 베테랑급 반려동물장례지도사이다. 하지만 나 역시 모든 게 처음일 때가 있었다. 국내에 반려동물장례식장이 들어선 지 얼마 되지 않은 만큼, 반려동물장례지도사의 직업 훈련 역시 최근에서야 자리 잡기 시작했다. 그러다 보니 현재 활동 중인 반려동물장례지도사들도 직접 실무에 투입되고서야 현실적인 반려동물 장례문화를 체감할 수 있고 예상치 못한 상황에 맞닥뜨리는 편이다.

이제 1년 남짓 반려동물 장례를 경험한 후배 지도사 A는 자신이 일하는 곳을 "한없이 슬프고, 한없이 아름다운 곳"이라고 말했다. 슬프지만 아름답다는 역설적인 표현이야말로 우리가 하는 일을 그대로 드러내 주는 것은 아닐까 싶다. A는 자신이 경험한 1년의 기억을 이렇게 기록했다.

막연하게 생각한 반려동물장례식장은 슬픔을 머금고 있지만 작고 아기자기한 곳이라 여겼다. 어떤 일을 하는 곳인지 정확하게 알 수 없었기 때문에 깊게 생각하지 못한 것이 사실이었다. 검은 정장에 넥타이, 거기에 하얀 장갑까지 끼고 처음 발을 디뎠을 때 그 생각은 완전하게 뒤바뀌었다.

가장 먼저 눈에 들어온 것은 건물의 웅장함도, 건물 내부의 세련된 인테리어도 아니었다. 하얀 건물 속에 검은 정장을 차려입은 장례지도사들. 그들의 존재만으로 전율을 느꼈다면 과장이라고 생각할지 모르겠지만 실제로 그랬다. 땀을 흘리고 있지 않았지만 내 눈에 비친 그들은 이미 온몸이 땀으로 젖어 있었다.

진지하고 신중하게 보호자님들을 대하는 표정과 눈빛, 움직임. 울고 있는 보호자 앞에서 존재가 느껴지지 않을 정도로 조용한 모습이 차가워 보일 거라고 생각했지만 반대였다. 그들의 손짓, 말투, 심지어 발짓까지 하나하나가 보호자들이 기대기 충분했고 오히려 신뢰감을 주었다.

나중에 선배 지도사들의 얘기를 들었다. 꾹꾹 눌렀던 슬픔을 보이지 않는 곳에서 그들만의 방식대로 터트린다고 했다. 그들은 슬프지 않은 것이 아니라 보호자를 위해 당신의 슬픔을 참고 있었다. 반면 내가 장례지도사가 되고 처음 며칠 동안 기록해 둔 글에는 장례지도사들이 너무 멋있다는 내용밖에 없었다. 물론 지금은 그렇게만 생각하지 않는다. 오히려 선배들과 같은 공간에서 함께 일할 수 있다는 것만으로 나 자신이 자랑스럽다.

처음 보호자님이 우는 모습을 보았을 때 나는 보호자님 뒤로 멀리 물러나 있었다. 그리고 흔들리지 않으려 했던 수만 번의 상상은 단번에 물거품이 되었다. 사실 반려동물장례지도사가 되기로 마음을 먹은 순간부터 난 그 장면을 수없이 이미지 트레이닝 했었다.

'보호자님이 내 앞에서 울면 그들의 슬픔에 휩쓸려선 안 된다. 그 상황에서 보호자보다 슬픈 사람은 없으니까.'

보호자님의 흐느낌은 소리의 파동이 아닌 슬픔의 파도처럼 밀려와 나에게 몰아쳤다. 우는 소리가 점점 더 크게 들리면서 나는 곧 보호자였고, 화장 진행을 위해 옮겨지는 아이는 곧 나의 반려동물이었다. 비록 나의 감정은 보호자님에 비해 보잘것없는 크기였을 테지만 이미 나는 슬픔의 파도에 흔들리고 있었다. 결국 슬픔의 파도는 쓰나미가 되어 나를 휩쓸었다.

그날 나는 반려동물장례지도사로서의 첫발을 겨우 디딜 수 있었다.

어느 날 후배 장례지도사들에게 이 일을 하면서 기억에 남는 사연이 있느냐고 물어본 적이 있다. 그들은 잠시 곰곰이 생각에 잠기더니 얼마 지나지 않아 아직은 생생했을 기억을 하나씩 꺼내기 시작했다.

B는 오랜 투병 생활을 끝낸 강아지의 염습을 진행할 때 총 다섯 명의 가족이 참관했던 이야기를 했다. 그들은 염습을 마친 아이를 살펴보면서 B에게 아이의 사진들을 보여 주었다고 한다. 한 장 한 장 언제 어디서 찍은 사진이었는지 정확한 날짜까지 기억하면서 서로의 회상을 검증하기 시작했다는 것이다. 그러고는 직접 준비해 온 수의를 입혔을 때 가족 모두 한 손씩 아이의 몸 위에 얹은 모습을 사진으로 남겼다고 한다. 그뿐만 아니라 화장 후 유골함을 건네받았을 때도 가족 모두 한 손씩 유골함에 손을 댄 모습을 사진으로 남겼다고 한다. 항상 해 왔던 것처럼 자연스러웠던 모습이 그 가족만의 시그니처 포즈였던 것 같다고 했다. 가족을 떠나보내는 가족들의 익숙하면서도 의미 있는 기록이었던 셈이다.

C는 노부부 둘을 기억해 냈다. 족히 칠순은 넘어 보였다고 했다. 직접 장례 예약을 하고 멀리까지 아이를 데리고 온 것이 자꾸만 눈에

밝혔는데, 장례가 모두 끝난 후 두 사람은 C의 손을 잡고 연신 고맙다고 말해 주었다고 했다. 그러면서 자기들도 생을 마감하게 되는 날 오늘 보낸 아이와 같은 자리에서 장례를 치르고 싶다는 농담을 했다고 한다.

D는 유기견이었던 시츄를 열 살이었을 때 입양하여 5년 동안 보살폈던 보호자가 생각난다고 했다. 보호자는 아이에게 5년 동안 정말 고마웠다면서, 처음 엄마가 비록 널 잃어버렸지만 아마 지금 많이 슬퍼하고 있을 거라는 인사를 전했다고 한다. 무지개다리 너머 소풍을 떠나는 아이가 혹시라도 서운함을 안고 갈까 봐 보호자는 마음을 도닥이는 인사를 전한 것이다.

E는 운구 예약을 받고 잠깐 정차하여 보호자를 기다리고 있었을 때가 생각난다고 했다. 그날은 비가 내리고 있었고 E는 상가들이 밀집한 도로 한쪽에 차를 대고 있었는데, 누군가 조수석 창을 두드렸다고 한다. 그분은 바로 앞에 보이는 상점을 운영하고 있다면서 얼마 전 자신의 반려견 크리스를 우리 장례식장에서 떠나보냈는데, 차에 표시된 업체명을 보고 반가운 마음에 달려 나왔다고 했다. E는 얼떨결에 인사를 받았고 그분은 갑작스레 눈물을 흘리면서 정말 고마웠다고 덕분에 크리스를 잘 보내 주었다며 인사를 건넸다고 한다. E는 반려동물장례지도사로서 흔치 않은 경험을 했다며 가장 기

억에 남는 일이라고 회상했다.

내게도 선명한 기억들이 몇 가지 있다. 불과 작년에 겪은 일이었다. 한여름답게 충분히 더운 날씨였다. 그날 예약이 된 아이의 이름은 사랑이였다. 이름처럼 큰 사랑을 받고 지낸 아이겠구나 생각했다. 그러나 예약된 시간에 맞춰 도착한 사랑이와의 첫 만남이 그러리라고는 전혀 예상치 못했다.

보호자로 보이는 할아버지는 차량 조수석에 얌전히 앉아 있는 강아지가 바로 사랑이라고 말했다. 나는 당최 이해가 되지 않아 정말이 아이의 장례를 예약하신 게 맞느냐고 두세 번 물었다. 보호자는 12년을 키웠는데 투병 중인 할머니를 간병해야 해서 자신이 더 이상 신경 쓸 수가 없는 상황이라고 말했다. 어떤 악의가 있었던 것이 아니었고 반려동물장례식장이라고 하여 반려견을 안락사와 같은 방법으로 보내 줄 수 있을 줄 알았다는 것이다.

사실 예전에는 암암리에 안락사와 화장을 대행해 준다며 생명을 마음대로 처리하는 곳이 실제로 있었다고 알고 있다. 아마 보호자도 누군가에게 그런 곳이 있다는 이야기와 보통은 장례식장에서 그런 일을 해준다는 말을 들었던 것 같다. 나는 보호자가 어떻게 이곳을 찾아 왔을지 가늠하면서 화를 억누를 수가 없었다. 상식적으로 말이

안 되는 이야기지만 아직 일부 우리나라 국민의 반려동물에 대한 인식은 이처럼 말도 안 되는 정보가 검증 없이 나돌 정도로 아쉬운 수준이다.

나는 최대한 정중히 이곳은 안락사나 살아 있는 동물을 폐기하는 곳이 아님을 설명하고 돌려보냈지만 이내 사랑이의 선한 눈빛이 계속 떠올라 진정할 수가 없었다. 혹시나 돌아가는 길에 아이가 버려질까 봐 받아둔 연락처로 다시 연락해서 동물 등록 여부를 확인했다. 그나마 다행히 등록된 아이였지만 나는 하루 종일 걱정이 되고 안타까운 마음만 가득 품고 있어야 했다.

사랑이의 여생이 뒤틀리는 순간이었고 나는 지금 개입하지 않으면 안 된다는 확신이 들었다. 당장 동료 지도사들에게 의견을 묻고 급한 대로 임시보호처를 알아보기로 한 것이다. 먼저 보호자에게 연락해 사정을 설명하고 사랑이를 다시 데리고 와 달라고 요청한 뒤 몇 시간 동안 모든 지도사들이 백방으로 임시보호처를 수소문했다. 그러던 중 차를 돌려 도착한 보호자와 나는 잠시 이야기를 나누었다.

보호자는 투병 중인 아내를 간병해야 하는 자신이 너무 힘든 상황에 놓여 있다면서 사랑이에게도 몹쓸 짓을 할 뻔했다는 이야기를 했다. 나는 눈물을 흘리는 보호자에게 조금은 냉정히, 그리고 명확히 설명해 주었다. 그 순간은 내가 가장 냉정한 사람이어야 하기 때문이다.

나는 진심을 다해, 사랑이의 여생을 위해 이런저런 방법을 안내했다. 내 진심이 가닿은 걸까. 보호자는 사랑이를 다시 데려가기로 하고, 본인이 직접 임시보호처나 입양처를 알아보기로 했다. 그리고 끝까지 사랑이를 책임지겠다는 약속도 받았다. 그렇게 사랑이와 보호자는 다시 집으로 돌아갔다.

다시는 보호자와 사랑이가 함께 귀가하지 못할 뻔한 날이었다. 그때만 해도 나는 사랑이가 정말 안전히 집으로 돌아갔을지 너무 걱정되었다. 세 시간 후 울리는 휴대폰을 재빨리 받아 아까 떠난 보호자의 목소리를 확인하고서야 안심할 수 있었다. 그 세 시간 사이 보호자는 자신의 전 직장에서 사랑이를 임시보호해 주겠다는 확답과 추후 입양까지 책임져 주겠다는 약속까지 받았다고 했다.

있을 수도, 있어서도 안 되는 일이었다. 부디 사랑이가 지금보다 더 행복한 여생을 살아갈 수 있길 간절히 바랐다. 무척이나 더웠던 그 여름날, 내겐 너무 긴 하루였다.

죽음을 준비하는 사람들

장례를
준비한다는 것

최근 다견 가정, 다묘 가정이 늘면서 죽음을 앞둔 반려동물과의 이별 준비를 이전보다 중요하게 생각하는 반려 가정 역시 늘고 있는 추세이다. 보통 입양 시기가 크게 차이 나지 않는 아이들과 함께 지내는 경우가 많은데, 이때 가장 우려되는 부분은 큰 사고나 병치레가 없는 이상 비슷한 시기에 죽음의 문턱을 넘을 확률이 높아진다는 것이다. 물론 모든 생과 사를 예견하고 조율할 수 없기 때문에 우리는 앞으로 감당하기 힘들만 한 일에 우선순위를 매겨 대비할 뿐이다.

그래서 반려동물과의 이별을 준비한다는 것은 매우 중요하다. 평소 반려동물장례식장의 위치와 장례 과정을 확인한 적 있다면 갑작스러운 이별을 맞는다 해도 비교적 담담하게 마지막 시간을 보낼 수 있다. 대부분의 보호자들이 아이의 죽음 직후 예약 가능 여부를 묻기 위해 장례식장으로 연락한다. 그때마다 나는 생각보다 서둘지 않아도 된다고 안내한다. 좀 더 아이와 함께 시간을 보내는 것이 장례 직후에 몰려들 슬픔을 조금이라도 줄여줄 것이라고 생각하기 때문이다. 난 오히려 예약 전화가 아닌, 상담 전화를 먼저 해야 한다고 보호자들에게 설명한다.

갑작스러운 죽음이 아니고서야, 어쩌면 이제는 준비를 해야겠다는 예감이 든다면 반려동물장례지도사에게 상담을 요청하는 게 먼저라고 생각한다. 아이와의 처음이자 마지막 장례식에 무엇이 필요한지 알아볼 수 있고, 하물며 평소 좋아하던 간식과 장난감, 사진을 미리 준비할 수 있는 여유가 생길 수 있다. 실제로 급한 마음에 정신없이 장례식을 치르느라 정작 아이가 좋아했던 간식 대신 급한 대로 공수한 간식을 준비한다거나, 예쁜 사진을 고를 여력이 없어 아무 사진이나 준비해 장례를 치른 뒤 후회하는 보호자들도 많다. 생각해 보면 정말 별거 아니지만, 아이의 유골함을 건네받고 그 무게를 직접 느끼는 순간 그 사소하고 별거 아닌 것들만 계속 생각이 나 후회와 미안함을 느낄 수 있다.

사실 가장 생각하기 싫은 순간이다. 그 순간을 상상하고 시뮬레이션 해야 하는 것 자체가 지금 바로 내 앞에서 사랑스럽게 살아 있는 이 아이에게 못된 짓을 하고 있는 건 아닌지 불편한 마음에 사로잡히게 된다. 보호자 스스로 아이의 죽음이라는 것은 금기된 상상이고, 장례를 대비하는 것만으로 아이의 수명을 깎아먹는 짓처럼 느낀다.

그렇다고 반려동물을 떠나보내기 위한 준비가 슬픔을 무디게 만들거나 죽음을 덜 무겁게 받아들이게 해 준다는 말이 아니다. 이것은 다견 가정이나 다묘 가정도 마찬가지다. 비단 보호자들의 장례 경험이 축적된다고 해도 슬픔의 크기가 줄어드는 것은 아니다. 다소 허무맹랑한 표현일 수도 있는데, 잘 슬퍼할 수 있다는 얘기다.

펫로스증후군의 요인 역시 여기에 있다. 죄책감과 후회의 반복은 펫로스증후군의 전형적인 증세이다. 무엇보다 살아 있을 때와 죽었을 때를 두고 보았을 때 이토록 극단적인 상황에서 그 누구라도 온전한 정신을 유지하기란 힘들다. 그래서 아이를 보내고 펫로스증후군을 예방한다는 것은 정말 어림없는 짓이다. 펫로스증후군과 이것을 동반한 우울감은 이미 아이의 죽음을 예견한 순간 시작된다. 그래서 미리 대비하고, 잘 슬퍼해야 한다는 것이다.

슬퍼할 수 있는 기회는 보호자 스스로 만들어야 한다. 누구보다 아이를 잘 안다고 생각하지만 결국 떠난 후에는 '아, 그랬었지. 왜 그렇게 안 해줬을까'와 같은 후회로 일상의 모든 부분에 우울을 묻혀 놓을 뿐이다. 아이의 죽음이 예견되면, 미련할 만큼 아이에게 주어진 시간에 조금이라도 많은 여력을 쏟는 걸 추천한다.

반려동물장례지도사들은 이미 떠난 반려동물들과 만나기 때문에, 오히려 보호자를 걱정한다. 수많은 장례를 치르면서 정말 다양한 보호자들을 만나지만, 장례 직후보다 일상으로 돌아간 순간 몰아치는 비탄을 피하기란 어렵다는 것을 알기 때문이다. 장례식장에 아이의 유골함을 안치해 둔 보호자 중엔 단 하루도 빠짐 없이 매일 방문하는 보호자도 있다. 집이 가까운 것도 아니고 삶의 여유가 그리 많은 편도 아니다. 하지만 매일 함께했던 아이가 사라진 집 안을 못 견디는 것이다.

누군가는 미련하다고 할 것이고, 또 누군가는 유난을 떤다고 할지도 모른다. 사람마다 달리 생각하는 건 당연하다. 하지만 그러라고 있는 곳이다. 반려동물장례식장, 혹은 납골당은 말이다. 몇 달이 지나서도 여전히 방문하지만, 그 역시 자신의 아픔을 그렇게 조금씩 만져가면서 스스로를 다독이고 다짐하고 있는 게 아닌가 싶다.

시간과 돈을 투자해 아이의 마지막을 준비할 필요는 없다. 그저 사랑을 표현해 준 시간만으로도 절대 바뀔 리 없는 추억을 온전히 남길 수 있다. 그만큼의 추억을 안은 채 아이가 홀로 떠나는 마지막 길을 잘 안내해 주는 일이 보호자의 마지막 숙제일지 모른다.

먼 길을 돌아 여기에서,
안녕

멀리서 찾아왔다고 했다. 저 멀리 남쪽이었을 거다. 보호자는 코카 스파니엘 한 마리가 얌전히 잠든 캐리어를 들고 엊그제 예약한 우리 장례식장에 도착했다. 열세 살이라고 했다. 문자 메세지로 상담하고 예약했기 때문에 보호자에 대한 정보는 거의 없었다. 다만 아이가 도우미견 생활을 은퇴하고 자연사했다는 사실 정도만 알고 있었다.

보통 픽업 서비스를 요청하면 가능한 거리 안에서 보호자를 데리러 간다. 반려동물 사체와 함께 이동 시 혹시 모를 훼손을 방지하기 위함이고, 갑작스러운 죽음일 경우 이성적인 판단이 쉽지 않을 수 있는 보호자를 위한 업무이기도 하다. 하지만 멀리서 고속버스와 지하철을 몇 번 갈아타고, 다시 시내버스로 환승해 도시 외곽에 있는 우리 장례식장까지 멀고 먼 길을 온 보호자는 청각 장애인이었다.

청각 장애인이다 보니, 대화 역시 쉽지 않았다. 그래서였다. 엊그제 문자 상담으로 예약을 잡은 보호자는 인근의 다른 장례식장이 있었음에도, 고되고 먼 길을 따라 여기까지 찾아온 것이다. 마지막 떠나는 아이를 가장 행복하게, 후회 없이 보내고 싶다는 생각에서 본인이 판단하기에 가장 알맞은 장례식장을 샅샅이 뒤져 찾았을 것이다. 그러나 픽업 서비스가 가능하다는 안내문은 보지 못했던 것일까. 이미 모든 기력을 소진한 것처럼 보이는 보호자를 만났을 때, 고마움과 미안함의 감정이 내 가슴을 쥐고 흔들기 시작했다. 불편이 익숙한 듯 보호자의 걸음은 불안해 보였고, 자칫 그 모습만 보고 보호자를 안쓰럽게 바라보는 잘못을 저지르지는 않을까 걱정했다.

도우미견으로 살아온 코카스파니엘 희망이는 보호자가 준비한 마지막 선물을 위해 먼 길을 함께해 준 것을 분명 알고 있을 것이다. 이미 차갑게 식고 빳빳해진 몸이지만, 보호자를 위해 살아온 생이 결코 헛되지 않았다는 것을 누구라도 알 것이다. 희망이는 보호자의 선택에 따라 추모와 화장이 포함된 기본 장으로 장례를 치르기로 했다. 기본 장이라 해도 상대적으로 적지 않은 장례비용은 기초수급자라던 보호자의 형편상 부담이었을 것이다.

장례비용에 대한 정확한 안내가 필요했다. 보호자는 어딘가로 전화를 걸어 날 바꿔 주었다. 대화가 원활하지 않자 자신의 담당 공무원을 연결해 준 것이다. 당연히 그동안 고생한 아이를 위해 정말 큰맘을 먹고 결정한 장례일 것이다. 나는 담당 공무원에게 보호자의 의중을 설명한 뒤 장례 절차와 비용의 처리 방법 등을 안내해 주었다. 보호자와 그의 담당 공무원 둘 모두를 충분히 납득시킨 뒤 장례 진행을 결정할 수 있었다.

보호자에게 일어날 수 있는 위험을 예방하고, 생활하는 데 지장일 수 있는 일을 차단하는 것이 도우미견의 임무이다. 희망이는 이제 그 모든 책임을 내려놓았다. 금방이라도 보호자가 위험에 처했을 때 벌떡 일어나 도와줄 것처럼, 희망이의 얼굴에는 세월처럼 새겨진 긴 장감이 가시지 않았다.

뻣뻣한 몸을 깨끗이 닦는 염습 단계부터 흔치 않은 슬픔이 몰려왔다. 평생 누군가를 위해 살아온 이 아이에게 그동안 고생했다는 진심을 어떻게 해서든 전하고 싶었다. 나는 보호자가 형편상 마련해 줄 수 없었던 수의가 자꾸만 아른거렸다. 그리고 가장 예쁜 수의를 가져와 희망이에게 입혔다. 도우미견용 하네스 말고는 입어 보지 못했을 옷을 이렇게라도 입혀 주고 싶었다. 그렇게 염습을 마쳤다.

너무나 곤히 잠든 희망이를 관에 담아 들고 보호자가 기다리는 추모실로 향했다. 보호자의 어눌한 말을 한 번에 알아들을 수는 없었다. 하지만 희망이에게만큼은 너무나 정확한 둘만의 언어였다. 둘은 평생 같은 언어로 소통했을 것이고, 이제야 마지막 대화를 나누게 된 것이다. 둘만의 조용한 추모가 끝나고 화장을 기다리면서 보호자는 내게 천천히, 일부러, 그리고 또박또박 마치 이 세상의 모든 사람들이 들어줬으면 하는 것처럼 내게 말했다.

"내가 몸이 아프지 않았으면 다른 강아지들처럼 산책도 자주 가고 훨씬 더 예뻐해 줬을 텐데, 정말 미안해. 고마워, 아가."

희망이는 보호자에게 반드시 필요한 외출이 아니고는 평생 좁은 집 안에서 보호자의 도움을 위해 '대기'했다. 하지만 그것이 당연하다고 교육받고 체득했기 때문에 아이는 단 한 번도 산책 가자거나 놀아 달라고 떼쓰지 않았을 것이다. 동물을 위해 살아온 사람들과 달리, 이 아이는 사람을 위해 살아온 것이었다.

그래서 보호자는 장거리 택시 한 번 탈 수 없을 정도로 넉넉하지 않은 형편이더라도, 희망이의 수고에 충분히 고마워하기 위해 후회 없을 만한 장례를 준비해 왔던 것이다. 도우미견 희망이와의 마지막 동행은 보호자로서는 최고의 도전이었고, 최선의 결과였다.

지나고 보니 내게 희망이는 단순히 도우미견 한 마리의 장례가 아니었다. 그저 감동적인 에피소드만도 아니었다. 보호자를 위해 평생 헌신한 희망이와 이제 자기 곁을 떠나 자유로이 날아가라고 해 줄 수 있는 모든 것을 준비한 보호자가 완벽할 리 없는 이별을 최대한 이행한 것이라 생각한다. 희망이의 유골함을 안고 다시 힘든 여정을 시작하게 된 보호자는 과연 무슨 생각을 했을까.

내 생각은 여기까지였다. 더 이상의 우려와 상상은 슬픔을 나눠 가진 자들의 영역일 테다. 몸이 불편한 보호자를 보호했던 도우미견, 이 아이러니한 관계가 끝났다고는 생각하지 않는다. 앞으로 보호자는 애도의 기한을 지나 기억을 위해 노력할 것이고, 언젠가는 추억하는 것만으로도 행복하고 고마울 만큼 그간 희망이의 보호 아래 자신의 삶 역시 성장했다고 느낄 것이다.

무엇보다 내가 보호자의 평안과 희망이의 명복을 누구보다 빌 것이다. 이것이 반려동물의 죽음에 마지막으로 관여할 수 있는 나만의 특권이다.

무언가
잘못되었다

중년 남성 한 명이 찾아와 검정 비닐봉투 하나를 건넸을 때, 너무 놀랐다. 그리고 바로 화가 났다. 거기에는 플라스틱 소주 담금통이 들어 있었다. 문제는 그 안에 든 것이 소주만이 아니었던 데 있었다. 믿기 힘들겠지만, 아니 난 직접 보고도 믿지 못하였다. 거기엔 작은 치와와 한 마리가 실험실의 표본처럼 소주와 함께 담가져 있었다. 입 밖으로 욕이 나올 뻔했다.

그래도 자초지종을 먼저 들어봐야 했다. 한 손으로 건네받았던 비닐봉투를 두 손으로 조심히 받쳐 들었다. 상담실로 남성을 안내하는 동안 '나의 태도는 지금 어떤가, 내 표정은 관리가 되고 있을까, 사정을 듣고 난 어떤 반응을 보여야 할까.' 머릿속이 복잡했다. 나에겐 일이었지만, 그러니까 일이기 때문에 지금 이렇게 그와 나란히 걷고 있지만, 일이 아니었다면 난 일찍이 그에게 비닐봉투를 되돌려 주었을 것이다.

평소였다면 아이의 수습을 서둘렀을 것이다. 하지만 이 남자가 아이를 이렇게 데려와야만 했던 사정을 듣지 못한다면 아이의 장례를 치른다 한들 그에게도 나에게도 상처가 될 것이라는 걸 본능적으로 느끼고 있었다. 시종 필요한 단어만 입 밖으로 밀어내던 남자가 자기 얘기를 시작했다.

그는 치와와를 로미라고 불렀다. 로미의 평생이었던 열두 해를 함께 지냈다고 했다. 그렇다면 가족과 다름없던 아이를 술통에 담근 채 장례를 치르러 왔다는 것인데, 이해될 리가 없었다. 군 복무 중이던 아들의 휴가에 맞춰 장례를 치르기 위해 술병에 담가 두었다는 말이 이어졌다.

어느 날 아침 병약했던 로미가 갑자기 숨을 거두었다는데 병원에 데려가 사망 진단을 받지는 않았다고 했다. 남자는 인터넷 검색은커녕 누구에게 물어보지도 못했다고 했다. 아들이 부재한 가운데 남자가 택할 수 있는 방법은 많지 않았던 것이다. 결국 로미를 끔찍이 아껐던 아들이 휴가를 나오면 로미의 온전한 모습을 보여 줄 수 있어야 했다. 그래서였다. 단순히 보존을 위한 방식이었고 이것은 남자가 살아온 세월 안에서 다른 생물이나 식품을 보관하면서 체득했던 그만의 노하우였다. 한 가족으로 살아왔지만, 사람은 사람, 동물은 동물이라는 인식이 아직 남아 있던 것이다.

잠시, '어떻게 그럴 수 있어?'라고 생각했다. 누구라도 그랬을 거다. 동물과 함께 생활하는 가정이 급격히 늘고 있는 추세와 달리 동물, 나아가서 생명체를 대하는 인식은 그만큼 발전하거나 성숙되지 못한 것이 현실이다. 어떠한 문제가 발생했을 때 자신이 살아온 세월과 환경 내에서 해결책을 찾고자 하는 태도가 과연 지금 시대에도 적합한 걸까.

여기까지 어떻게 오셨냐는 나의 물음에, 그는 예정되어 있던 아들의 휴가가 무산되어서야, 아들에게 로미의 죽음을 뒤늦게 알렸고 아들이 찾아준 전화번호로 장례 예약을 한 것이라고 했다. 만약 로미의 마지막 날 아들이 있었다면, 아니 누군가 조언해 줄 수 있는 사람이 한 명이라도 있었다면 어땠을까.

하지만 가정은 무의미했다. 남자는 로미를 사랑했고, 아들도 사랑했다. 운이 없게도 아들이 군복무 중이던 2년 가까이 동안 로미는 무지개다리를 건넌 것이고 남자는 자신이 알고 있는 최선의 방법을 택한 것이다. 누구도 로미를 사랑하지 않았던 게 아니었다. 무언가 잘못되어 가고 있다는 걸 알려줄 사람이나 경로가 없는, 사각지대에 있었던 거다.

이제 로미는 내게 넘어왔다. 그를 마주하고 있던 짧은 시간에 나의 표정은 어땠을까. 내가 할 수 있는 일은 로미의 안녕을 빌어 주는 것뿐만 아니라 그가 앞으로 가지게 될 죄책감과 이 과정을 전화 몇 통으로만 알 수밖에 없는 그의 아들의 슬픔을 조금이나마 덜어주는 것이었다.

염습을 위해 통에서 꺼낸 로미의 몸은 퉁퉁 불어 있었다. 이미 알코올이 닿지 않은 곳이 없었기 때문에 식염수로 알코올을 다 씻어내야 했다. 퉁퉁 불어버린 피부는 자칫 세게 닦아내면 쉽게 떨어져 나갈 수 있기 때문에 아주 천천히, 조심스럽게 로미의 온몸을 닦았다. 무엇보다 드라이기를 로미로부터 멀리 떨어뜨린 채 약풍으로 건조하는 과정은 생각지도 못한 감정의 동요를 일으켰다. 며칠 동안 알코올 속에 젖어 있던 아이를 드디어 뽀송하고 안락한 상태로 만들어 줄 수 있겠구나 싶은 마음이 갑자기 밀려들었다. 그렇게 한참을 말려 염습을 마무리했다.

참으로 아이러니했다. 잘못된 수습 때문에 자칫 로미는 장례조차 제대로 치를 수 없을 뻔했다. 그러나 아들에게 로미의 생전 모습을 보여 주고 싶었던 남자의 바람은 이루어질 수 없었지만 생전 예뻤던 그 모습 그대로 장례를 치를 수 있게 되었다.

추모실에서 남자는 한참을 홀로 있었다. 나는 그에게 잘잘못을 얘기하지 않았고 화장이 진행되는 동안에도 그는 아무런 말없이 유리 벽 앞에 서 있었다. 마치 로미의 죽음을 지체하고 싶었던 것처럼, 이 순간을 지체하려는 것처럼.

로미의 유골함을 받아든 그는 내게 고맙다고 했다. 그리고 몰랐다고 했다. 그냥 땅에 묻고 싶지는 않았다고 했다. 그는 내게 잘못을 얘기했고, 나는 아니라고 했다. 우리는 충분히 최선을 다했다고 했다. 물론 시간이 흐를수록 그는 로미를 생각할 것이고 '좀 더 안락하게 보내줄 수도 있었을 텐데.'라는 후회를 느낄 것이다. 그가 마주할 후회가 생각보다 작길 바라는 마음으로 나는 그의 뒷모습을 한참 바라보고 나서야 돌아설 수 있었다.

이
별
에

이
르
기
까
지

상담의
시간

―

나의 경우 상담 및 예약 문의를 받는 업무용 휴대폰을 근무일 24시간 지니고 있어야 한다. 장례식장의 영업시간은 정해져 있지만, 반려동물의 장례 일정에 대한 문의는 이르거나 늦은 시각을 따지지 않기 때문이다. 휴대폰 벨은 정말 수시로 울린다. 모든 보호자들이 바로 장례 일정을 잡지는 않지만 그들의 질문에는 공통된 목적이 있다.

"지금 이 아이를 어떻게 하면 될까요?"

병원에서 사망 진단을 받았다면 해당 병원에서 이미 적절한 사후

조치와 장례 절차. 그리고 연계된 장례식장에 대한 안내까지 해 주기도 한다. 반면 집에서 반려동물의 사망을 확인하게 된 경우 보호자는 불안정한 심경으로 장례 일정을 최대한 빨리 잡고 싶어 한다. 반려동물의 상태가 조금씩 나빠지기 시작하면서부터 마음에 둔 장례식장에 연락해 보기로 한, 자신만의 매뉴얼대로 잘 대처하려고 하는 보호자도 있다.

그때마다 나는 일정부터 먼저 확인해 준다. 보호자가 가장 듣고 싶은 대답이 그것이기 때문이다. 힘겹게 마음을 부여잡고 물어보는 질문과 동떨어진 내용을 말해 봤자 보호자는 자신의 질문에 대한 대답만을 유효한 정보로 인식하고 있을 확률이 높다. 아무래도 경황이 없고 바로 눈앞에 큰 슬픔이 마중 나와 있다고 생각하면 충분히 그럴 만하다.

일정 확인 후 나는 보호자를 잠시 진정시킨 후 최대한 급하지 않고 반려동물의 마지막을 잘 준비할 수 있도록 조심스럽게 조언한다.

보호자는 마음의 준비가 되었다면, 가장 먼저 사망을 확인해야 한다. 반려동물의 의식이 사라지고 몸의 온기가 식어가는 상황을 보호자는 가만히 앉아 받아들이기 힘들다. 경황이 없고 당황하여 병원을 방문하는 보호자도 많다. 물론 병원에서 확실히 사망 확인을 받는 것이 가장 좋지만, 보통 반려동물의 상태는 직접 확인할 수 있다.

반려동물의 사망 확인은 호흡과 맥박, 심장박동 등으로 알 수 있다. 육안으로 흉부가 움직이는지 관찰하거나, 코나 입 등 호흡기에 직접 손을 가져다 대는 방법, 강아지나 고양이의 경우 뒷다리 안쪽을 손으로 짚어 맥박이 뛰는지 확인하는 방법으로 반려동물의 사망을 직접 확인할 수 있다. 그리고 강아지나 고양이의 경우 사망한 지 두 시간 정도 지났다면 코끝에 수분도 다 말라 있을 것이다.

다만 형제 반려동물과 함께 생활하는 가정에서, 바이러스 등 감염에 의한 질병으로 사망했다면 다른 동물들과 격리 후 사망 확인을 해 주는 것이 맞다. 장례 후 병원을 방문해 다른 아이들의 감염 여부를 확인하는 것까지를 장례 절차라고 생각해야 한다.

반려동물의 사망을 확인했다면, 기초 수습을 먼저 해 주어야 한다. 기초 수습 역시 보호자가 직접 해 줄 수 있다. 무엇보다 장례 예정 시간까지 시간차가 있을 때는 사체의 빠른 부패나 훼손을 방지하기 위해 반드시 필요하다.

먼저 반려동물의 몸을 옆으로 눕힌 상태에서 수건을 두어 번 접거나 적당한 높이의 쿠션으로 반려동물의 목과 머리 중간 부분(경추)에 받쳐 놓는다. 사망 시 위장을 비우지 못한 상태였다면 시간이 지나면서 배변을 하는 경우도 있고 코와 입에서 혈흔이나 복수 등의 체액이 역류할 수도 있기 때문에 얼굴 방향으로는 얇은 타월을 덧대어 주고 뒷다리 쪽 아랫부분에는 배변패드를 깔아 주는 것이 좋다.

그리고 입을 꽉 다물지 못한 상태나 입을 벌린 채 사망할 경우 혀가 입 밖으로 축 처지게 된다. 강아지나 고양이는 숨을 거두고 한두 시간 정도 지나면 사후경직이 시작되는데, 이때 차츰 입이 다물어지면서 아래쪽으로 처진 혀를 깨물어 출혈이 생기는 경우가 있다. 이것을 방지하기 위해서 위생 거즈나 급한 경우 물티슈를 입 크기로 접어 어금니 방향의 윗니와 아랫니 사이에 조심히 물려야 한다. 그럼 사후 경직이 시작되어도 입이 다물어지면서 발생할 수 있는 출혈을 막을 수 있고, 혀가 입 밖으로 처지는 것도 방지할 수 있다.

강아지나 고양이의 사망 후 부패는 사망 시점부터 시작된다고 한다. 하지만 육안으로 확인할 수 있는 외형상의 부패는 그 정도로 빠르지 않다. 각기 다른 사연을 품고 장례식장에서 만난 수많은 반려동물들을 지켜본 결과, 사망 후 약 72시간 정도 지난 상태에서도 부패라고 할 수 있을 만한 사체의 훼손이나 변형을 발견하지 못한 경우도 많았다. 물론 반려동물이 사고에 의한 외부 상처 없이 자연사한 경우, 사체 보관이나 이동 시의 온도와 습도가 대체로 알맞은 경우 등 몇 가지 조건이 맞아야 그러할 것이다.

간혹 반려동물이 숨을 거두고 부패될까 염려하는 마음에 장례를 서두르는 보호자도 많다. 장례 절차를 신속히 밟는 것은 맞지만, 급하게 진행되어서 좋을 것 역시 없기 때문에 장례를 충분히 준비하면서 함께할 수 있는 시간과 공간을 조금 더 가져 보시라고 권한다.

하지만 나는 반려동물의 장례를 담당하는 사람이지 반려동물의 마지막을 관장하는 사람이 아니다. 각각의 다양한 사연만큼 나의 안내는 조금은 당연할지 모를 말들의 반복일 수도 있다. 다만 그런 사람들, 그러니까 가장 사랑하는 존재를 이제 잃어야 하는 사람들을 겪어낸다는 것은 그만큼의 아픔이 내 안에도 쌓이고 있다는 것을 의미하는 것이 아닐까. 당연하지만 꼭 필요했던 공감의 말 조금이 어쩌면 그 순간 나의 목소리에 기대한 유일한 위로가 아니었을까 하는 생각을 한다.

"아이가 눈을 감지 못했는데 어떻게 하죠?"

눈을 채 감지 못하고 숨을 거두는 반려동물도 많다. 보통은 치와와처럼 안구가 돌출된 아이들이 그러한데, 눈을 감길 때는 엄지와 검지로 위아래 눈꺼풀을 1분 정도 조심히 살짝 잡아 주면 된다.

또 태생적으로 눈이 크거나 사후경직이 어느 정도 시작된 반려동물의 경우 눈꺼풀이 잘 감기지 않을 수도 있다. 그럴 때는 눈꺼풀을 억지로 감기지 말고 손수건으로 눈 위를 가려 주는 것으로 대신하면 된다.

장례식장까지 이동 거리가 상당하거나, 출발 시각까지 집에서 기다려야 할 경우, 또는 사망한 아이가 부적절한 장소에 보존 중일 때는 기초 사후 수습 후 아이스 팩을 활용하면 된다. 사후 상태의 온도를 낮춰 부패의 지속을 늦추면 되는데, 아이스 팩을 수건으로 싸서 방석처럼 만들어 주고 아이스 팩이 간접적으로 닿을 수 있게 해주면 된다. 여름이라면 에어컨을 이용해 실내 온도를 낮춰 놓는 것도 괜찮다.

그리고 병원에서 반려동물이 숨을 거둔 상태로 피치 못하게 대기해야 할 경우 냉동 안치보다는 냉장 안치를 해 주는 것이 좋다. 냉동 안치의 경우 반려동물의 체내 수분이 응고된 상태로 외형이 변형되어 생전의 모습을 유지하기 어렵다. 단, 냉장 안치가 불가능한 병원도 있어 냉장 안치 가능 여부를 먼저 확인해 보는 것이 중요하다.

"마지막으로 목욕을 시켜줘도 될까요?"

집중 치료로 인해 장기간 병원 생활을 하다 숨을 거둔 반려동물의 목욕이 가능한지 문의하는 보호자들도 종종 있다. 그럴 때는 꼭 해 주시라고 말한다. 하루에도 몇 번씩 약물을 복용하거나 치료를 받으며 병원 생활을 계속했던 아이라면 몸과 털에 자신의 냄새보다 병원 냄새가 덧칠해져 있을 것이다. 자신의 반려동물을 병원 냄새로 평생 기억해야 하는 보호자에게는 매우 불행한 일일 것이다. 그래서 나는 사고에 의해 몸이 훼손되거나 수술 직후 수술 부위가 봉합된 상태가 아니라면 보호자의 의사에 따라 목욕이나 세정을 해 주는 것이 좋다고 말하는 편이다.

다만 보호자가 직접 사망한 반려동물을 씻겨 주고 싶다면 목 부분인 경추를 잘 가누지 못하기 때문에 목 아래부터 머리까지 조심히 잘 잡아 고정한 상태에서 조심히 씻기는 게 중요하다. 미온수로 목욕을 시키고, 털을 말릴 때는 몸을 고정한 상태에서 차가운 바람으로 말려 주면 된다. 굳이 목욕이 아니더라도 젖은 수건이나 물티슈로 몸을 닦아 주는 것도 괜찮다.

사후경직이 풀리는 건 반려동물마다 다 다르다. 짧게는 8시간 미만인 경우도 있고, 48시간 동안 경직이 진행되는 아이도 있다. 사후

경직이라는 건 사망 후 근육이 수축되면서 딱딱해지는 현상이다. 항간에는 반려동물의 다리 연골 위주로 마사지하듯 근육을 풀어 주면 된다는 이야기가 있지만, 자칫 골절 같은 2차 부상의 위험이 발생하기 때문에 주의해야 한다. 직접 근육을 풀어 주려고 애쓰기보다 상태를 지켜보며 자연스럽게 경직이 풀리길 기다리는 편이 가장 안전하다.

"눈을 감은 우리 아이, 집 앞마당에 묻어 줘도 될까요?"

현행 폐기물관리법에서 동물의 사체는 폐기물로 분류하고 있다. 그래서 반려동물의 사체는 지자체 조례에 따라서 쓰레기 종량제 봉투 등에 담아서 버려야 한다. 진짜 그럴까? 믿기 어렵겠지만 사실이다. 동물장묘업자에게 위탁하거나 보호자가 직접 반려동물장례식장, 혹은 화장장에서 화장을 진행하는 동물보호법상의 동물 장묘 방식 외에는 쓰레기 종량제 봉투에 담아서 버리는 방법밖에 없다.

예전에는 야산이나 공터 땅을 파서 그냥 묻는 경우도 흔했는데, 지금은 이마저도 불법이다. 폐기물관리법 8조에 따르면 폐기물 수집을 위하며 마련한 장소나 설비 외의 장소에 폐기물을 버려서는 안 된다고 명시하고 있다. 이를 위반했을 시 10만 원 이하의 벌금형이나 구류, 과료형이나 범칙금 및 과태료가 부과될 수 있다. 공공 지역, 수역, 항만 등에 묻었다면 더 큰 처벌을 받을 수 있다.

본인 소유의 토지나 산에 동물의 사체를 묻는 것 역시 불법이다. 인근 토지의 오염을 야기할 수 있고, 추후 해당 구역의 개발이나 변형 여부에 따라 파헤쳐질 위험이 높기 때문이다. 또 산에 묻었을 경우에는 야생동물에 의해 사체가 2차 피해를 입을 가능성이 높다. 이러한 이유로 매장은 좋은 방법이 아니다.

병원에서 치료 중 숨을 거두었다고 해도 반려동물의 사체는 의료 폐기물로 분류된다. 치료 중 사망한 반려동물의 사체를 병원에 알아서 처리해 달라고 보호자가 요청할 경우 의료 폐기물로 분류하여 폐기물 업체에 위탁한 뒤 일괄 소각된다. 끔찍한 일이지만 생각보다 많이 벌어지고 있는 일이다.

일본은 우리나라보다 반려동물의 장례문화가 약 10년 정도 먼저 자리를 잡았다. 그 때문에 반려동물 장례식장의 수도 우리와 비교가 안 될 정도로 많다. 또 신을 가까이 모시는 일본 특유의 문화 때문에 생활권과 가까운 곳에 반려동물 납골당이나 신사가 마련되어 있는 편이다.

우리나라에서 반려동물과 함께하는 사람의 수는 이제 1천만 명에 육박한다. 지금이야말로 국민 정서를 고려한 현실적인 법률 개정이 필요하다. 동물의 사체를 폐기물로 지정하는 법문만이라도 삭제해 달라는 운동은 오래전부터 계속되어 왔다. 하지만 폐기물관리법에서는 동물 사체를 폐기물로 취급하고, 동물보호법에서는 동물장례식장이나 화장장에서의 화장 처리를 권장하고 있다. 동물을 보호하는 법과 동물 사체를 쓰레기로 여기는 법이 공존하는 아이러니한 상황을 어서 정리해야 한다.

결국에는 반려동물 문화의 전체적인 성장이 우선시되어야 하겠지만, 이미 폭발적으로 증가하고 있는 반려동물 가구를 바탕으로 사회적 합의가 동반된 법적 제도 마련이 절실하다.

"우리 아이 마지막 가는 길 '장례식장' 어떻게 선택해야 할까요?"

장례식장을 고를 때는 정부 동물보호관리시스템에 정식으로 등록되어 있는 업체인지 꼭 확인해야 한다. 동물보호법에 명시되어 있는 '동물장묘업'은 등록이 반드시 필요한 업종이다. 등록되어 있지 않은 동물장례식장 혹은 화장장은 모두 불법이다.

정부에서 운영하고 있는 동물보호관리시스템 홈페이지에서 업체명을 검색하면 현재 등록된 장묘업체를 확인할 수 있다. 2020년 현재 전국에는 46개의 장묘업체가 정식으로 등록되어 운영되고 있다.

전국에 46곳은 부족한 개수는 아니다. 다만 대부분 경기도 지역에 몰려 있어 지역 편차가 큰 편이다. 실제로 46곳 중 약 20곳이 수도권과 경기도에 위치해 있고, 각 지자체별로 적게는 1개, 많게는 3개 업체가 운영되고 있다.

한편 비교적 도심에서 먼 동물 장례식장이나 화장장까지 방문이 여의치 않아 이동식 화장장을 이용하는 보호자들도 더러 있는 편이다. 상대적으로 저렴한 화장 비용과 이동에 걸리는 시간을 단축할 수 있는 이점이 있지만, 현재 우리나라에서 운영되고 있는 이동식 화장장은 모두 불법이다. 고정되지 않고 격리되어 있지 않은 공간에서의 화장은 유골의 손실이나 오염이 불가피하다. 뿐만 아니라 화장 중 발생하는 연기는 주변 환경을 오염시키는 등 피해를 입힐 수 있다. 가장 큰 문제는 직접적인 손해가 발생했을 시 법적인 보호를 받을 수 없다는 것이다.

반려동물장례식장의 등록 절차는 꽤 까다로운 편이다. 일방적으로 등록만 한다고 영업을 할 수 없다. 정부의 심사가 동반되며 장례식장 운영에 대한 제도적 측면뿐 아니라 환경적인 부분도 고려한다. 미등록 업체의 경우 일반 소각로 시설을 변형해서 화장을 진행하기도 하는데, 여기서 반려동물을 화장하면 유골 손실량이 훨씬 더 많을 수밖에 없다.

화장 후 수골하여 분골하는 과정에서 유실되거나 오염되는 유골을 최대한 줄이고, 혹여나 다른 유골과 섞이는 것을 방지하기 위해 각각 독립된 시설에서 화장을 진행해야 한다. 뿐만 아니라 전문 장례지도사가 직접 유골의 인계까지 전 과정을 진행해야 한다. 그 이유는 간단하다. 소중한 반려동물의 모든 유골을 온전히 보호자에게 안겨 주기 위함이다. 그러기 위해서는 까다로운 절차와 규정을 준수해야 한다.

아무래도 미등록 장례업체의 시설물은 정기적으로 진행되는 안전검사 등에서 제외되기 때문에 안전 문제뿐만 아니라 위생적, 환경적인 문제에서 자유로울 수 없다. 무엇보다 반려동물의 장례를 처음 경험하는 보호자들을 이용해 무리하게 장례 구성품을 강매하거나 납득할 수 없는 상품을 끼워 파는 업체도 있어 피해를 입은 보호자들이 괜한 마음고생을 하게 되는 사례도 많이 접하고 있다. 그런 점에서 나는 이동식 화장장을 비롯한 미등록 화장 시설의 이용은 삼가는 것이 좋다고 생각한다.

또한 반려동물의 등록을 말소하기 위해서는 행정상 효력이 발생하는 사망확인서가 필요하다. 현재 이 사망확인서는 동물병원과 정식으로 등록되어 있는 장례식장에서만 발급이 가능하다.

한 생명의 안녕을 빌어 주는 일은 엄숙하고 진중해야 한다. 물론 보호자는 한없이 무거워진 마음을 애써 짊어지고 있겠지만 정신없이 일을 치르는 것보다 급하지 않게 신중히, 시간을 좀 더 갖고 사랑하는 반려동물의 마지막을 잘 지켜 주고, 잘 보내 주는 게 보호자로서의 마지막 책무일 것이다.

"특수 동물의 장례도 가능한가요?"

요즘 반려가정의 수가 늘고 함께 생활하는 반려동물의 종도 다양해지면서 특수 동물이나 소동물 장례도 가능한지를 묻는 문의가 많아지고 있다.

족제빗과인 패럿이나, 토끼, 라쿤, 미니피그, 앵무새, 물고기, 햄스터, 고슴도치, 파충류 등 화장이 가능한 동물이라면 장례를 치를 수 있다. 각 동물들의 평균 수명은 다 다르지만 한 가지 분명한 건 모두 언젠간 보호자와의 이별을 겪어야 한다는 것이다.

현재 국내에서 운영되고 있는 장례식장의 화장장에서는 체중 약 70kg 이하의 반려동물까지 장례를 치를 수 있다. 안타깝지만 주로 동물원에서 사육하는 70kg 이상의 대형 동물의 경우 의료폐기물로 처리되고 있는 실정이다.

현재 반려견, 반려묘를 제외한 특수 반려동물의 장례 비율은 전체 장례 비율의 약 15% 정도이다. 2019년에 비해서 2020년에는 약 20% 정도 증가한 것으로 그 비율이 가파르게 상승하고 있다.

특수 동물의 보호자들은 장례식장 선정 시 꼭 정식 등록이 되어 있는 장례식장인지 확인해야 한다. 특수 반려동물 중에는 골격이 작은 소동물이 많은데, 이 아이들은 유골의 양이 적은 편이다. 화장을 진행하는 과정에서 아이의 유골이 일정 부분 소실되면 그 양은 현저히 적어질 수밖에 없다. 그래서 화력과 압력 조절이 가능한 '동물 전용 화장시설'이 필요하다. 그리고 화장 후 유골 수습 시, 반드시 소량의 유골까지 모두 수습해 줄 것을 장례식장에 요청해 두는 것이 좋다.

특수 동물의 장례 절차는 반려견, 반려묘의 장례와 차이가 없다. 비용의 경우, 예전에는 체중에 따라 조율이 가능하기도 했는데, 요즘은 반려견이나 반려묘의 장례와 동일하게 진행되기 때문에 해당 장례식장마다 정해 놓은 비용에 맞춰서 진행되는 편이다.

접수서의
빈칸을 채우다

보호자가 조심스럽게, 그리고 소중하게 데려온 아이의 사체는 보조 지도사나 담당 지도사에게 인계된다. 보호자는 장례접수실에서 직접 접수서를 작성하는데, 이때 생전 아이의 기본 정보를 기재해야 한다. 아이에 대해서 가장 잘 알고 있을 보호자들이지만 생각지 못한 항목에 쉽게 펜을 움직이지 못하는 경우도 많다. 이를테면 아이의 종을 기록하는 항목에서는 '믹스'라는 글자를 쉽게 쓰지 못하는 보호자들도 있다.

그럴 때면, 나는 '특별한 아이'라고 쓰셔도 된다고 안내한다. 사랑하는 대상이었고 그 대상의 종류를 이제 와서 나누는 것이 무의미한 반면, '믹스'라는 범주에 내 아이를 기록하는 것에 대해 미안한 마음이 든다고들 한다.

접수서 항목에서 종을 기재해 달라는 요청은 정확한 기록을 위해서지만, 한편으로는 품종이라는 범주를 아예 정해 버리고 있는 건 아닐까, 이것 자체가 차별은 아닐까 고민이 되었다. 하지만 아이의 장례 절차 중 혹시 모를 만일의 경우를 대비해 정보로서 품종의 기록은 꼭 필요한 부분이다. 이와 반대로 '믹스'는 물론 '똥개'라고 망설임 없이 기재하는 보호자들도 있다. 이는 다소 애정 없어 보이는 어휘라도 그것이 아이를 적게 사랑하는 것은 아님을 모두가 알고 있을 것이다.

그리고 아이의 체중을 적어야 하는 항목에서는 대부분의 보호자들이 망설인다. 투병 생활을 해 왔거나 노후 연명 생활을 해 오다 사망한 아이들의 체중은 보통 야윈 상태이기 때문이다. 그래서 보호자에게 병원에서 측정한 마지막 체중을 기재하게 하는 것은 달리 보면 고통스러웠던 장면을 떠올리게 만드는 것일 수 있다. 그러면 나는 아이가 가장 예뻤을 때 체중을 적어 달라고 안내한다. 이제 와서 아이의 체중이 중요한 게 아니란 것을 보호자도 알고, 나도 안다. 그렇다면 꼭 필요한 행정 절차일지라도 조금은 달리 생각할 수 있는 기회로 삼을 수도 있지 않을까.

이렇게 사소한 부분이 보호자의 심리에 영향을 미칠 수 있다는 사실을 알게 되면서, 최근에는 접수서의 '생년월일'과 '망년월일' 항목을 각각 '가족이 된 날', '소풍 떠난 날'로 수정하기도 했다.

보호자들은 아이의 장례 접수서를 직접 작성하면서 아이의 생을 다시 한 번 돌아보게 된다. 그래서 생각보다 시간이 걸리기도 하고, 미뤄두었던 눈물을 흘리기도 한다.

장례를
시작하면

"최대한 조심히 예쁘게 준비하겠습니다."

접수가 끝나고 염습을 진행하기 전에 사망 여부를 먼저 확인한다. 병원에서 사망을 확인한 뒤 장례식장에 전달되는 경우가 대부분이지만, 집에서 영원히 잠든 아이를 데려온 경우에는 혹시 모를 상황을 대비해 심정지와 맥박, 호흡 정지 여부를 확인한다. 이때 아이의 입이나 코로 피나 복수가 역류하기도 하고, 사후 상태의 항문이 개방되기 때문에 배변이 흘러나오기도 한다.

가혹 병원에서 치료나 수술 중 사망한 아이는 사망 직전까지 수액과 주사를 맞고 있었던 터라 장기 내 수분이 소변으로 모두 배출되지 않은 상태일 때도 있다. 그래서 보호자가 당황할 수도 있는 상황을 충분히 설명하고 몸 안에서 나올 수 있는 것들이 자연스럽게 빠져나오길 기다려 준 뒤 다음 절차를 진행하기도 한다.

그런 후에 사망 도중 남은 흔적들과 이물질을 깨끗이 닦아 준다. 이때 세정제를 사용하지 않고 알코올이 어느 정도 적셔진 깨끗한 거즈로 천천히 몸을 닦아 주는데, 이는 사고로 골절상을 입은 아이나 노쇠한 아이일 경우 자칫 약간의 힘만으로 또 다른 골절상을 입힐 수 있고, 모근이 약해져 너무 거칠게 닦을 경우 뭉쳐 있던 털이나 피부 조직이 함께 뜯겨 나갈 수 있기 때문이다.

아이의 온몸을 닦아 줄 때는 다리 끝에서부터 조심히 빗질을 시작한다. 몸과 얼굴까지 빗질하여 세상에서 가장 깔끔한 아이로, 먼 여행을 홀로 떠나보내는 심정을 빗질에 담아 쓰다듬을 대신해 주기도 한다. 시츄처럼 눈이 큰 아이는 간혹 눈을 감지 못한 채 오는 경우가 있다. 이때도 눈꺼풀을 아주 조심히 내려 평안히 눈을 감을 수 있게 해 준다.

보통은 이러한 과정을 마무리하고 입관을 하지만 사고를 당해 사체가 훼손된 아이는 염습 과정에서 최소한의 조치를 해 주는 편이다.

보편적인 처치는 아니지만, 찢어지고 벌어진 상처들을 수술용 실과 바늘을 이용해 꿰매 주고 있다. 물론 모든 반려동물장례지도사가 하는 것은 아니다. 훼손된 상태로 화장을 하는 경우도 많고, 시간상 흔히 '타카'라고 부르는 스테이플러로 벌어진 살을 붙여 놓은 상태로 화장을 진행하는 경우도 있다. 하지만 난 그런 아이들의 마지막 모습을 상처투성이로 기억하고 싶지 않았다. 보호자에게, 혹은 구조자에게 최대한 예쁘게 준비하기로 약속했기 때문에 나는 내가 할 수 있는 최대치로 준비해 주고 싶었다. 그렇지 않고는 이 세상을 떠나는 길에도 아물지 못한 상처로 인한 고통을 계속 품고 갈 것 같았다.

나무로 제작된 관은 아이의 크기에 맞게 준비해 두었다가 염습이 끝나면 엄중히 입관을 한다. 이때 보호자로부터 종종 부탁을 받기도 하는데, 수의 대신 생전에 좋아하는 옷을 입혀 주거나, 그 자리에서 자신이 받쳐 입은 티셔츠를 급히 벗어 덮어 주는 보호자도 있다. 그 짧은 순간, 그러니까 아이의 사체를 맡기고 돌아서는 순간 생각이 번뜩하는 것이다. 아이가 누운 그 작은 공간에 자신의 체취를 깔거나 덮어줌으로써 마음이 연결되어 있는 기분일 것이고, 구체적으로 고민해 보지는 않았지만 이제는 아이를 혼자 보내야 하는 마지막 단계에서 본능적으로 떠오른 생각일 것이다. 화장에 방해가 되지 않는 것이라면 되도록 보호자의 바람을 최대한 존중해 준다.

이 모든 과정은 깨끗하게 닦아주는 행위에서 끝나는 것이 아니다. 최대한 생전 모습과 같게 만들어 주는 것이 내가 생각하는 반려동물을 위한 염습 절차의 목적이다. 그렇게 보호자는 추모실에서 모든 입관 절차를 마치고 잠들어 있는 아이를 만나고 생경한 감정을 갖게 된다. 아이의 말끔해진 얼굴과 보호자가 준비한 수의를 얌전히 입은 채 관 속에 잠들어있는 모습을 보면서 보호자들은 이토록 예쁜 아이를 먼저 보내야 하는 마음이 들어 미안한 마음과 후회가 절정이 된다고 한다.

관 안에 자리 잡은 아이를 들고 이제 보호자와의 마지막 대화가 이루어질 추모실로 향한다. 독립된 공간인 추모실에서 보호자와 아이가 마지막으로 작별인사를 나누게 된다. 보통 보호자가 고르고 골라온 어여쁜 사진 앞에 아이의 관이 놓이고 그 주변으로는 평소에 아이가 좋아했던 간식과 장난감을 놓는다. 이제 정말로 마지막이 될 보호자와 반려동물의 관계가 이 작은 공간에서 이루어지는 셈이다.

아이는 이제 볼 수 없고 들을 수 없지만, 보호자는 후회를 남기고 싶지 않은 마음으로 기록을 하거나 아이에게 인사하고 만져 주기도 한다. 울기도 하고 곤히 자는 모습이 예뻐 웃기도 한다. 헌화를 하면서 옛 이야기를 꺼내고 급박했던 사망 직전의 일도 이야깃거리로 삼는다. 다시는 하지 못할 마지막 소통이 때론 고요하게, 혹은 큰 소리로 이루어지는 시간이다. 하지만 짧게는 30분, 길게는 여섯 시간까지 그 자리를 떠나지 못했던 수많은 보호자들이야말로 사실을 알고 있다. 이렇게 지금 할 수 있는 모든 것을 하더라도 다가올 슬픔에 대해서는 지금 당장 어찌할 도리가 없다는 것을. 헤어지는 기분이 아니고 잃어버린 마음인 것이다.

그렇게 마지막 인사가 끝나면 화장을 진행한다. 일반적인 소각로가 아닌, 동물전용 화장시설에서 화장을 하면서 유골 수습(수골, 분골) 과정을 거쳐 유골함에 봉안 후 보호자에게 인도한다.

한 번의 장례식이 소요되는 데는 약 세 시간 이상 걸리는 편이다. 추모실에서 보호자에 대한 배려로 마음의 준비를 할 수 있는 충분한 시간을 주기 때문이다. 추모실뿐 아니라 장례의 모든 단계에서도 그렇다. 보호자의 심정을 헤아리고 이해하며 마음을 살피는 일 또한 반려동물장례지도사의 중요한 역할 중 하나이기 때문이고 그것이 내 일이다.

보호자는 사람의 장례 이상 슬퍼한다. 오열을 하거나 미안함과 고마움을 담은 말을 반복해 하는 경우도 많다. 그만큼 보호자로서 아이를 떠나보내는 마음은 그 어떤 말로 설명할 수 없다. 그렇게 아이는 떠나고 보호자의 마음은 헛헛해질 뿐이다.

애도의
순간

반려동물의 장례를 마쳤다는 사실은 잘 와닿지 않는다고들 한다. 화장을 마치고 유골이 봉안된 유골함을 그대로 건네받아 돌아가는 보호자가 있고, 유골을 스톤으로 제작해 데리고 가는 보호자도 있다. 물론 장례식장에 마련된 봉안실의 볕 좋은 곳에 아이의 유골함을 안치해 놓고 정기적으로 오가겠다는 보호자도 있다. 이것은 장례식장의 장례 상품의 종류나 구분을 말하고자 하는 게 아니다. 가장 보편적인 애도 방식이지만 이로써 떠나보낸 아이를 위한 애도가 시작되었다는 것을 보호자는 돌려받은 아이의 유골을 통해 인지해야만 하는 것이다.

생각보다 더 힘들어한다. 아이를 잃은 상실감으로 인해 슬픔의 강도는 더더욱 세지고 괴로울 것이다. 하지만 이 세상 무엇보다 소중한 아이의 유골함이나 스톤을 직접 전달 받은 보호자는 직접 만지고 볼 수 있는 최선의 상태로 아이를 기억하고 싶어 하는 마음이 크다. 이 말인즉 아이를 기억하는 것이야 말로 애도의 시작이고, 켜켜이 쌓이는 슬픔으로부터 조출하더라도 벗어날 수 있는 나름의 방식일 수도 있겠다는 마음인 것이다.

아이가 늘 생활했던 집으로 돌아가면 생각지도 못한 헛헛함에 무너져 내린다는 말을 많이 들었다. 담담하게, 그리고 아이의 장례를 잘 치러줘서 고맙다는 말을 남긴 보호자들의 뒷모습에는 앞으로 펼쳐질 세상의 모든 장면에서 아이를 지우지 않겠다는 다짐이 묻어 있다. 거짓말처럼 일상은 다시 시작하고 아이는 없다. 아무리 애도를 해도, 아이가 걱정되는 지경을 느낀다고 한다. 우리는 단 한 번도 아이들만 혼자서 떠나보낸 적이 없었다. 그 어디에도 혼자서만 보낸 적이 없는 내 아이를 방금 외롭게 떠나보냈다는 죄책감이 들기도 한다는 것이다. 하지만 그럴 때마다 아이의 사진을 보고 볕 좋은 자리에 놓은 아이의 유골함을 쓰다듬으면 어느 정도 진정된다고 한다.

함께 애도해 달라고 다른 이에게 먼저 요청함으로써 마음의 짐을 덜었다는 보호자도 있었다. 어느 날 전화 한 통을 받은 적이 있다.

며칠 전 내가 장례를 담당한 아이의 보호자였다. 아무런 문제없이 장례는 잘 치렀고 보호자도 여느 보호자와 다르지 않게 잔뜩 우울한 모습으로 아이의 유골함을 안고서 돌아갔다. 바로 그 보호자가 연락한 것이다.

그가 풀어놓은 얘기에는 지난 며칠이 축약되어 있었는데, 아이의 장례를 잘 치러 주어서 고맙다는 것이 주된 내용이었다. 막상 장례를 마치고 집에 돌아왔을 때 예상보다 훨씬 힘들었다고 했다. 그러나 엄숙하고 정성껏 직접 준비한 장례를 치러줬다는 마음이 조금이라도 위로가 되었다고 했다. 사실 뒷산이나 텃밭에 묻어줄까 하다가 큰맘을 먹고 예약한 것이라고 했다. 만약 그렇게 아이를 보냈다면 이토록 절실하게 슬퍼할 기회를 얻지 못했을 거라고, 아이의 마지막이 유골함 안에 그대로 머물러 있는 것 같아 위안이 된다는 말이었다.

나는 그때 뭐라고 했을까. 정확히는 기억이 나지 않는다. 아마 그랬던 것 같다.

사랑해 주었던 아이를 오랫동안 기억하고 잊지 마시라고.

그리고

"꼭 해야 할 마지막 의무 아시나요?"

반려견을 키우고 있다면 필수적으로 해야 할 것이 바로 '동물 등록'이다. 동물 등록과 말소 의무도 법적으로 정해져 있다. 동물보호법 제12조에 따라 등록 대상 동물은 변경 사유가 발생하면 30일 이내에 신고를 해야 한다. 그 변경 사유에는 반려동물의 사망도 포함되어 있다. 따라서 반려동물이 세상을 떠나게 되면 30일 이내에 등록 말소를 꼭 해야 한다.

우선 반려동물 등록 말소를 하기 위해서는 세 가지가 필요하다. 가장 먼저 동물등록변경신고서와 동물등록증, 그리고 반려동물사망증명서다. 동물등록변경신고서는 가까운 지자체 행정처에서 받거나,

법제처 홈페이지에서 내려 받을 수 있다.

동물병원에서 아이가 숨을 거뒀다면 수의사 선생님에게 사망진단서를 받을 수 있다. 장례식장에서도 장례증명서를 발급한다. 다만 장례식장에서 발급받을 때 중요한 점은 해당 장례식장이 등록되었는지의 여부이다. 장례증명서에는 동물장묘업 등록번호가 기재되는데, 이 번호가 없으면 행정상 효력이 없기 때문에 등록 말소를 위해서라도 합법적인 장례업체를 통해 장례를 치르는 것이 좋다.

동물 등록을 대행해 주는 곳이 말소까지 함께 대행해 주기도 하는데, 이것은 대행 기관마다 조금씩 다르다. 등록만 할 수 있는 곳이 있고, 등록과 말소 신청을 모두 해 주는 곳도 있다. 그래서 먼저 지자체 행정처에 문의를 하거나 대행 기관이 말소 신청도 대행해 주는지 여부에 대해서 미리 확인해 보면 된다.

그리고 또 하나 중요한 점은 처음 반려동물을 등록했던 지역에 가서 말소 신청을 해야 한다. 예를 들어서 강남구에서 등록했더라면 말소 신청도 강남구에서 해야 한다.

반려동물이 사망한 이후 30일 이내에 말소 신고를 하지 않으면, 동물보호법에 따라 과태료 50만 원이 부과될 수 있다.

"우리 아이 유골, 집에서 어떻게 보존할까요?"

반려동물의 유골을 납골당에 보존하는 보호자도 있지만, 늘 곁에
두고 싶은 마음으로 집 안에 보존하는 보호자도 많다. 유골은 직사
광선에 노출되지 않고 습도가 낮으며, 온도 변화가 적은 장소에 보
존하는 것이 좋다. 햇빛을 직접 받게 되면 유골함 내부의 온도가 상
승하기 때문이다. 날씨가 덥거나 장마철에는 보존 장소의 습도를 잘
조절해 주어야 한다. 그래서 집 안에 유골함을 보존하면서 안치할
수 있는 독립적인 공간을 마련하는 게 가장 안전하다.

흔한 경우는 아니지만 유골함 내부에 벌레가 생길 수도 있는데, 이
경우는 반려동물의 유골이 부패된 것이다. 반려동물의 유골이 부패되
면 유골이 서서히 돌처럼 굳게 되고 그 안에 미생물이 번식하게 된다.
아무래도 고정된 형태로 보존할 수밖에 없다 보니 안치 장소로 부적합
한 곳에 보존했을 때 장기간 확인하지 않을 경우 이런 일이 발생할 수
있다.

이렇게 유골함 내부에 벌레가 생기지는 않을까 걱정하는 마음에
일부 보호자들이 밀폐형 유골함을 사용하거나, 유골함 안에 실리카
겔 같은 제습제를 넣어두면 좋다는 이야기를 한다. 실제로 제습제를
넣어두면 유골의 부패나 훼손을 충분히 방지할 수 있지만, 밀폐형

유골함은 현재 반려동물 전용 유골함으로 사용되고 있지는 않다. 습도 변화에 취약하지 않도록 설계된 특수한 유골함인데, 이를 기능성 유골함이라고 부른다.

또한 최근에는 유골로 '스톤'이라 부르는 보석을 만들어 영구 보존하기도 한다. 유골을 고온에서 녹이는 용융 과정을 거쳐 보석 형태로 재가공하는 기술이다. 예전에는 유골에 고압의 고열을 가해서 녹인 후에 작은 구슬 형태의 돌로 만들었다. 그러나 이렇게 하면 전체 유골의 약 40% 정도가 손실될 수밖에 없었다. 그래서 최근에는 저온으로 유골을 녹인 후에 냉각하는 방식으로 제작하여 유골의 손실을 최대한 방지한다.

아무래도 보석으로 가공하여 제작되기 때문에 유골함 안에 가루 형태로 보관하는 것보다는 습도와 온도 영향을 덜 받고, 영구적으로 보존이 가능하다.

불법으로 운영되어 최근 논란이 된 스톤 제작 업체가 뉴스에 보도된 적이 있다. 다른 반려동물의 유골을 섞어서 스톤을 만드는 게 아니냐는 논란이었다. 아직 논란의 진위 여부가 정확히 드러난 것은 아니지만, 순수하고 절실한 마음으로 반려동물의 유골을 맡긴 보호자들에게는 이런 논란 자체가 치명적인 상처로 남을 수밖에 없다.

무엇보다 심각한 문제는 해당 업체가 불법으로 영업을 하면서 주기적으로 상호명을 변경했다는 것이다. 이 경우 보호자 스스로 업체 정보를 제대로 파악하기 힘들기 때문에 연쇄적으로 피해자가 발생할 수밖에 없다. 반려동물에게라면 뭐든지 가능한 한 가장 좋은 것을 해 주고 싶은 보호자의 애정을 아주 저급하게 이용하는 것이다.

반려동물장례식장도 정식으로 등록되지 않은 상태에서 과장, 과대 광고를 하거나 중개업자들이 불법 장례업체와 연결해 주는 경우도 꽤 많다. 이러한 정보는 반려동물의 사망 직후 경황이 없는 상태에서는 제대로 파악하기 힘들다. 이 점을 고려할 때 반려동물의 장례식장 정보는 미리 파악하고 있는 것이 좋은 방법이다.

마지막으로 반려동물의 장례식장에 장례 절차를 참관할 수 있는지 문의해 보는 것이 좋다. 물론 염습부터 화장까지 모든 과정을 모두 지켜보는 것 자체가 보호자를 더 힘들게 할 수 있기 때문에 반드시 그렇게 하라고 강요할 수는 없다. 다만 장례 절차를 투명하게 공개할 수 있는 장례식장이라면 적어도 사기 피해나 사고를 예방할 수 있고, 보호자는 일말의 의심 없이 반려동물을 무사히 잘 보내 줄 수 있을 것이다.

펫로스증후군과 거리 두기

펫로스증후군은
이미 시작되었다

지난 몇 년간 난 충분히 이별에 익숙해졌고 슬픔에 면역이 생긴 줄 알았다. 허나 매일 목격하는 새로운 이별에는 여간 당해낼 도리가 없을 때도 있다. 나는 과연 저 자리에서 어떠한 모습일까, 고민하기도 했다. 나 역시 함께 살아가고 있는 내 반려동물을 위해 아무런 시선과 분위기를 의식하지 않고 온전히 슬퍼할 수 있을까? 아직 모르겠다.

어느 중년 남성이 화장을 진행하는 동안 내게 말을 건넨 적이 있다. 장례지도사로서 식이 진행되는 동안에는 그 어떤 사적인 질문이나 대화를 먼저 하지 않는 것이 도리이다. 하지만 보호자가 먼저 대화를 청했을 때는 반대로 최선의 응대를 하는 것 역시 도리이다. 그는 혼자 아이를 데려왔다. 그에게는 다 키워서 독립한 아들과 딸이 있었고, 아내와 함께 살고 있던 가장이었다.

오늘 보내는 반려견의 이름은 요요였고 열여섯 살이었다. 그러니까 십수 년 전 이민을 가게 된 사촌네서 세 살 된 시츄를 데리고 온 것이었다. 그리고 요요는 어제 무지개다리를 건넜다. 가장으로서 돈을 벌었고, 가정적인 남편과 아버지로 충실했다. 본인은 오직 가족을 위해 살았다고 했다. 식구들의 행복은 모두가 다 같이 나눴고, 슬픔과 역경은 자신이 다 겪어내도 상관없었다고 했다. 딱히 취미도 없었고 외출이 잦은 타입도 아니어서 쉬는 날이면 늘 요요와 놀고 산책하는 게 하루의 전부였다.

그랬던 요요가 오늘부터 없게 된 것이다. 온 가족이 슬퍼했다고 했다. 그리고 그날 아무런 말없이 홀로 요요를 안고 온 것이다. 나는 가장으로서 짊어져야 하는 무게 같은 건 따로 없다고 생각한다. 물론 나의 전 세대의 생각과 환경이 많이 변했기 때문인 것도 있다. 하지만 슬픔을 강요하지 않는 이상, 가족과 다름없는 반려견의 장례를 독단적으로 치른다는 것 자체가 다른 가족들에게 훨씬 더 큰 충격일 수 있다.

본인은 우리 가족의 슬픔은 나 하나로 족하다고 생각했겠지만, 나머지 가족들에게는 그냥 반려견이 사라진 것과 다름없다. 인사 한마디 하지 못한 것이다. 그는 내게 후회한다고 했다. 이미 요요의 유골함을 안고 말이다. 그를 비난하려는 것은 아니다. 하지만 자신의 반려동물을 본인이 가장 잘 안다고 생각하는 것은 위험하다. 장례식장에서만큼은 가족은 슬픔의 공동체가 되어야 한다. 다른 가족들에겐 분명 큰 트라우마가 될 것이다. 그래서 잘 헤어지는 법이 필요한 것이다. 그리 급할 것도 없다. 내가 가장 잘 알지 않아도 된다. 나 혼자 슬플 필요 역시 없다. 그렇게 하지 않아도, 요요는 그의 사랑을 충분히 알고 마지막 길을 떠났을 것이다.

종종 중년 남성이 혼자 아이를 데리고 오는 경우가 있다. 조용하고도 묵묵하게 아이의 입관까지 지켜보다가 화장 직전 무너져 내리는 모습을 많이 본다. 남자로서, 가장으로서, 반려동물의 장례식에서 눈물을 보이는 것 자체를 본인 스스로 인정하지 못하는 것이다. 한 장의 유리창 사이로 아이가 화장되는 과정을 지켜보지만, 보호자로서 어떻게 해 줄 도리가 없다는 현실이 감정을 억누르고 있던 제어장치를 해제한 것이다.

누구나 슬퍼하라고 만든 게 장례식장이지만, 건물 입구에서부터 울음을 터뜨리는 사람도 있고, 끝끝내 슬픔을 보이지 않고 떠나는 사람도 있다. 당연히 눈물을 보이지 않는다고 해서 그 사람이 느끼는 슬픔을 가늠할 수는 없다. 그렇지만 대부분 아이와 마지막 인사를 나누고 화장을 위해 분리되는 순간, 물리적으로 한 장의 유리창이 가로막지만 이는 사실 상징적인 장벽일 뿐이다. 반려견이든 반려묘든 혹은 다른 소동물이든 이 아이를 입양한 순간부터 단 한 번도 혼자 길을 떠나보낸 적이 없었을 것이다. 본인도 가보지 못한 길을 아이 혼자 떠나야 한다는 생각이 무의식적으로 작용하는 것이다. 그 순간 슬픔의 스위치는 켜지는 것이고, 보호자는 진짜 이별이 시작되었다는 것을 실감하면서 울음에 기대게 된다.

반려동물의 장례가 '가볍다'는 인식은 바뀌어야 한다. 엄숙하고 진중해야 한다. 반려동물의 사체는 조심히 다뤄져야 한다. 위생적이고 청결해야 하며 정성을 들여 화장해 주어야 한다.

비록 반나절도 되지 않는 짧은 시간이지만, 마지막을 위해 지켜줄 시간과 공간이 존중되어야 하며 떠나는 반려동물을 위해 충분한 눈물을 흘려줄 수 있어야 한다. 이런 생각들이 많은 사람들의 머릿속에 남는다면, 앞으로의 반려동물 장례문화는 분명히 성숙해질 것이며 장례 관련 산업에 종사하는 사람들의 사상과 태도도 발전할 것이다.

반려동물의 사후를 벌써부터 미리미리 챙기자는 이야기는 아니다. 사람의 수명도 의학의 발달로 인하여 연장되고 있듯, 반려동물의 수명도 조금씩 늘고 있다. 다만, 언젠가는 나보다 먼저 하늘나라로 향할 수밖에 없는 작은 생명들을 위해 준비해야 하고 대비해야 할 일이면 이런 내용과 고민을 한 번쯤은 헤아려 보고, 관련 사항들도 종종 찾아보는 것도 함께 살고 있는 반려동물의 대한 책임과 의무일 수 있다.

모진 말일 수도 있지만, 반려동물은 나보다 먼저 이 세상을 떠난다. 생각하기 싫은 사실이지만 애석하게도 거부할 수 없는 운명이자, 자연의 섭리이다. 그렇다고 해서 반려동물을 남겨두고 내가 먼저 세상을 떠난다는 생각은 받아들일 수 있나, 하고 고민해 보면 이 역시 상상하기 싫을 것이다. 어찌 되었든 반려동물의 죽음은 반려동물과 함께하는 순간 감당해야 하는 시련일 수밖에 없다.

'펫로스Petloss'는 말 그대로 반려동물을 잃었다는 뜻이다. 그러나 여기에 '증후군Syndrome'이 붙어 펫로스증후군이라는 현상을 지칭하게 된 것은 그 한 번의 작별이 아름다울 수 없는 기억으로 남게 되기 때문이다. 모든 죽음이 그러하듯 반려동물과의 영원한 이별 역시 결코 아름다울 수 없는 고통의 연속이다. 그래서 펫로스증후군은 일상을 무너뜨릴 정도로 강력한 정신적, 심리적 고통을 동반하는 것이다.

최근 많은 매체에서도 펫로스증후군에 대해 이전보다 진지하게 접근하기 시작했다. 우리나라를 보면 2000년대 초반부터 반려가구 수가 급격히 증가하기 시작했고, '애완동물'이라는 말 대신 '반려동물'이라고 부르기 시작했다. 20년 가까운 시간이 흐르면서 반려동물이 세상을 떠날 것이라는 생각보다, 오래오래 행복하기만 바라왔던 반려가정의 고민은 이제 조금씩 달라지고 있다. 20년 전 급격히 늘어난 반려동물들은 어느덧 자신의 수명에 가까워졌거나 이미 세상을 떠나기 시작했다. 이제 반려동물과 행복할 준비와 더불어 잘 보내 줄 준비까지 완료해야 하는 것이다.

'반려'의 뜻에는 짝이 되는 동무라고 하는 친근함도 있지만, 되돌려 준다는 의미도 담고 있다. 반려인 천만 시대라고 하지만, 지금 이 순간에도 매년 약 8만 2,000마리의 동물들이 길에 버려지고 무책임한 보호와 관리로 인해 비참하게 세상과 이별하고 있다. 오래오래 함께한다는 의미로 동물을 '반려'하지만, 그 바깥에서는 누군가 되돌려 준다는 의미로 동물을 '반려'하고 있다는 것을 잊지 말아야 한다.

반려동물과 함께하고자 한다면, 지금 당장의 귀엽고 예쁜 생명을 거둔다는 생각이 우선이 되어서는 안 된다. 반려동물의 삶이 끝났다고 그 관계와 기억까지 회수되는 것은 아니다. 그리고 어느새 자기도 모르는 사이, 떠나보낸 반려동물을 그리워하고 괜히 미안한 감정이 누적되는 것이다. 펫로스증후군이 무서운 이유이다. 내 맘대로 벗어날 수 없는 슬픔의 굴레가 바로 펫로스증후군이다.

그래서 반려동물과의 운명적인 만남만큼 아름다운 이별도 충분히 고려해야 한다. 10년 후 나의 반려동물이 세상에 없을 수 있다는 상상이 의외로 건강한 자극이 되어 펫로스증후군에서 쉽게 빠져나올 수 있다. 그리고 노력해야 한다. 정확한 정보와 마음의 준비가 된 상태에서 반려동물을 맞이하는 것이 보호자로서 가장 먼저 해야 할 의무이다.

반려동물의 죽음에 대해 슬퍼하는 것은 실제로 쉽지 않다. 반려동물의 죽음 후 보호자는 저도 모르게 슬픔의 강도를 조절하고 그 내색역시 감추어야 하는 경험을 한다. 아직 우리 사회는 반려동물과의 이별을 대수롭지 않게 생각하는 편이기 때문이다. 반려동물은 홀로먼 길을 떠났지만 보호자는 일상으로 돌아와야 한다. 그때 우리 사회가 보호자를 어떻게 바라보고 있는지를 생각해 보면, 사랑하는 반려동물을 잃은 보호자는 분명 홀로 외로울 것이다. 하지만 세상은그 외로움조차 유난이라고 말한다. 표현하지 못한 슬픔은 결국 심각한 후유증을 남길 수밖에 없다. 그것이 바로 내가 정의하는 우리나라 정서의 펫로스증후군이다.

언젠가 이별에 대해 생각해 본 적이 있다. 이별이 무엇이냐고 질문을 받았을 때 난 뭐라고 대답할 수 있을까 고민했다. 글쎄, 내가 이 일을 하기 전까진 기껏해야 사람 사이의 이별이나, 누군가의 장례식에 참석하는 정도만 경험해 왔다. 그러나 지금은 매일 수차례의 이별을 목격하고 있다. 다음 만남을 기약할 수도, 서로의 안녕을 빌어줄 수도 없는 이별의 굴레에 갇혀 있는 기분이 들 때도 있다. 나는 늘 한 곳에 그대로 있는데, 내 앞에 보호자의 모습만 바뀐 채 각각의 작별 인사와 함께 이별을 맞이하고 있었다. 슬픔의 기운이 전이되듯 나 역시 슬픔의 소용돌이 안으로 빨려 들어가는 것 같다.

아픈 아이를
돌보는 삶

종종 사고나 질병으로 후천적 장애를 갖게 된 아이들의 소풍 길을 배웅할 때가 있다. 처음에는 장애를 갖고 있기에 참 불편한 삶을 살았겠구나, 라고 단순하게 생각했다.

조금은 불편했지만 많이 행복했던

몇 년 전 후지 절단, 그러니까 뒷다리 한쪽이 없는 고양이의 장례를 담당했을 때였다. 백설기처럼 털이 아주 희어서 이름이 설기였던 그 아이를 염습할 때 나는 뒷다리 쪽을 한지로 덮어 주었다. 왜 그랬는지는 잘 모르겠다. 아마 본능이었던 것 같다. 염습실을 나와 추모 실로 향할 때는 가장 예쁜 모습으로 준비하겠다는 장례지도사로서의 다짐 때문이었을지도 모른다.

그러나 그것은 편견에 사로잡힌 나의 명백한 오판이었다. 추모실 로 옮겨진 설기를 보고 보호자는 생각할 필요도 없이 뒷다리에 덮여 있던 한지를 거두었다. 보호자에겐 그게 가장 예쁜 설기의 모습이었 던 것이다. 장애가 있다는 것은 몸이 불편하고 남과 다른 삶을 살 것 이라고 은연중에 생각할 때가 있다. 나 역시 그랬다. 은연중에 설기 의 상처가 보이면 보호자가 미안해하고 속상해하지 않을까 막연하게 판단해 버린 것이다.

아니나 다를까 보호자는 설기의 장애로 불행했다고는 생각하지 않 는다고 말했다. 다른 아이들과 조금 다를 뿐 어느 하나 모자라거나 사랑을 고파한 아이가 아니라고 말이다. 보호자 자신도 그냥 사랑하 는 아이일 뿐, 장애 때문에 설기의 삶이 안타까웠던 것은 결코 아니 었다고 말했다. 오히려 설기와 자신만의 돈독한 추억이 앞으로 살아 갈 용기를 주었다고도 했다. 그렇게 보호자는 설기의 장례식 내내 담 담하게, 그리고 되도록 웃으면서 설기만을 위한 시간을 보냈다.

장애 반려동물의 보호자는 아이가 사고나 질병으로 인해 장애 판정을 받을 때까지 엄청난 충격과 슬픔을 감당하며 큰 고비를 넘겼을 것이다. 그들은 그 순간부터 아이의 장례를 치를 때까지, 아픈 손가락이었던 반려동물과의 이별이 다가올 거라고 일찍이 받아들이며 매순간 최선을 다했을 것이다. 아이의 모자란 부분은 그렇게 최선을 다하기로 한 보호자가 온전히 채워 주었을 것이다. 그래서 설기의 보호자는 설기와 마지막 인사를 할 때까지 담대할 수 있었을 것이다.

장애 반려동물의 추모실에서는 조금 다른 풍경이 그려지기도 한다. 보통 아이가 생전에 좋아했던 간식이나 장난감, 애착인형 등을 준비해서 옆에 놓아 주지만 몸이 불편했던 아이 옆에는 평소 몸의 일부였을 휠체어나 보조기구들을 준비하기도 한다. 그리고 보호자가 마지막으로 아이와 인사를 하며 하는 말은 우연이겠지만 거의 비슷한 편이다.

"하늘나라 가서는 아프지 말고 친구들이랑 맘껏 뛰어 놀면서 다음에 엄마 아빠 가면 씩씩하게 마중 나와 주렴."

최근에도 오랫동안 아프기만 하다 이제야 편안히 잠들게 되었다며, 내게 그간에 쌓였던 속내를 터트리는 보호자들이 있었다. 어떤 보호자는 아이를 잃은 슬픔도 크지만, 한편으로는 그동안 아이를 몇 번이고 지켜냈던 자기 자신이 자랑스럽다고 말하기도 한다. 또 어떤 보호자는 자기 욕심 때문에 아이를 더 힘들게 한 것은 아닌지 모르겠다고 말하기도 한다.

사람도 동물도 때가 되면 세상을 떠날 수밖에 없다. 지금 이 순간에도 많은 시간을 보장받지 못하는 아이들이 있다. 그리고 그 곁에서 하루하루 잘 버티고 있는 보호자들이 있다. 이들의 시간은 그만큼 소중할 것이다. 물론 아픈 아이를 그저 곁에서 지켜보는 것밖에 못 해 줄 수도 있다. 그러나 바로 그것이 어쩌면 아이가 가장 원하는 것일지도 모른다.

나의 사랑 쌘쵸

몸은 조금 아프지만, 세상에서 가장 사랑스러운 나의 쌘쵸를 생각하면 하루에도 몇 번씩 울컥한다. 그때마다 어떻게든 내가 이 아이를 지켜내겠다는 다짐을 몇 번이고 하면서 조금이라도 함께 시간을 보내려고 한다. 다시는 되돌릴 수 없는 우리만의 소중한 시간을 간직하고 싶기 때문이다.

우리 가족이 반려견 쌘쵸와 함께 생활한 지는 6년이 되었다. 우리

부부는 결혼 9년차에 접어들었고 올해로 여섯 살이 된 포메라니안 남아 싼쵸와 함께 살아가고 있다. 싼쵸는 아직 나이는 어리지만 여러 가지 병을 앓고 있다.

배 속에는 원인을 알 수 없는 복수가 차서 매달 초음파 추적 검사를 해야 한다. 털이 잘 빠져서 매일 투약 중이다. 게다가 췌장염으로 인해 매달 채혈 검사를 해야 하고, 후지 슬개골 탈구 3기까지 진행된 상태다. 이렇게 작고 어여쁜 강아지가 이토록 힘들게 투병하고 있는 모습을 지켜볼 때면, 나는 대신 아파줄 수 없어 답답한 마음에 '걸어 다니는 종합병원'이라고 괜히 놀리며 애써 쓴웃음 짓곤 한다.

나는 매일 자식과 같은 아이들을 잃고 슬퍼하는 보호자들을 만날 수밖에 없다. 언젠가는 익숙해질 줄 알았는데 그러기가 쉽지 않다. 매일 이별이 벌어지는 곳에서 근무하기 때문일지도 모른다. 언젠가 싼쵸와 영원히 이별할 거라는 생각을 매일 할 수밖에 없다. 아직은 싼쵸와의 이별에 대해 머리로도 마음으로도 준비를 다 하지 못했다. 내게 주어진 커다란 숙제인 것만 같다. 누구보다 이별을 잘 대비해 왔다고 생각하지만, 막상 그날이 왔을 때 나는 어떻게 해야 할까. 그날이 당장 며칠 새일 수도 있고 멀리 몇 년 후가 될지도 모른다. 내가 해야 할 일은 아직도 많은 셈이다. 우리 싼쵸와의 시간이 행복하기만 하다면 내게 주어진 숙제를 끊임없이 해나갈 것이다.

아픈 아이와 날씨

노견과 노묘, 그리고 오랜 시간 아팠던 아이들은 날씨에 꽤 민감한 편이다. 오랜 시간 곁에서 아이들을 보살폈던 보호자라면 알 수 있을 것이다. 비 오는 날 전후로 몸이 불편한 아이들의 컨디션이 나빠져 무척 힘들어하는 경우가 있다. 실제로 아프거나 노령에 접어든 동물들은 갑작스러운 기압 변화의 영향을 크게 받는다고 한다. 사람도 비가 오거나 날씨가 흐려지면 면역체계가 흔들리면서 아픈 것처럼 동물들도 갑작스럽게 환경이 변하면 면역력이 약해지고 혈액순환도 원활하지 않게 된다. 실제로 비가 내리거나 갑자기 추워진 날이면 평소보다 장례 예약 전화가 많은 것이 사실이다. 그래서 보호자로서는 일기 예보를 참고하여 대비하는 것이 좋다. 가령 집 안 기온과 습도에 신경을 쓰거나 호흡기 질환을 앓고 있거나 심폐 기능이 저하된 아이라면 산소방을 준비해 놓는 것도 좋다.

호스피스 단계의 반려동물들

노령 반려동물의 수가 늘고 아픈 반려동물을 끝까지 책임지는 반려가정이 늘면서 우리나라에도 반려동물 치료와 관리에 대한 수요도 함께 늘고 있는 추세이다. 따라서 호스피스 전문 병원, 반려동물 암센터 등 국내 호스피스 시설 역시 늘고 있다. 일부 2차 병원에서는 10년 전부터 동물의 호스피스 단계를 위한 전문 치료 연구에 매진하고 있다.

호스피스 단계와 중증 치료를 목적으로 운영 중인 분당 해마루 이차 진료 동물병원이 대표적인데, 이곳에서는 호스피스 관리와 진료가 동시에 가능하다. 또한 호스피스 단계에서 아이들이 갑작스럽게 생을 마감할 경우를 대비해 애도 공간을 따로 마련해 놓았다. 단순히 호스피스 단계가 아픈 아이들의 마지막을 책임지고 관리하는 시기에만 해당되는 게 아니라, 생을 마감하고 추모를 받는 순간까지 포함한다는 의미에서 상당히 진지한 고민이 이루어졌을 거라 짐작된다.

물론 이러한 시설이 지역마다 생기고 그 수가 늘면 누구나 이러한 서비스를 받을 수 있을 것이고, 그러면 형편이 어렵고 상황이 여의치 않아서 아픈 반려동물의 마지막에 최선을 다하지 못했다는 죄책감으로부터 벗어날 수 있을 것이다.

하지만 아직 비반려인뿐만 아니라 보호자들조차 동물에게 호스피스 단계를 적용하는 것 자체에 대해 공감하지 않거나, 아예 생소하게 생각하는 사람들이 많다. 하지만 늙었다고, 아프다고, 일생을 거의 소진했다고 반려동물을 그대로 방치할 수 있는 반려인이 과연 얼마나 될까. 그렇다면 우리는 이제 합당한 제도와 시설의 필요성을 인지해야 한다. 하나의 산업이기 전에 대체할 수 없는 '불가피'라고 생각해야 한다.

물론 호스피스 전문 시설의 확충만이 답은 아니다. 그전에 각 가정에서 노령 동물을 관리할 수 있는 정확한 정보를 장악하고 보다 많은 사람들이 공유할 수 있는 시스템이 마련되어야 한다. 실제로 노령 반려동물이나 아픈 반려동물의 관리는 보호자가 24시간 곁에 붙어 있어야 가능하다. 과연 이러한 생활이 가능한 보호자 혹은 반려가정의 수가 얼마나 될까.

결국 직접적인 관리가 어려운 노령 동물의 운명은 두 가지로 나뉘게 된다. 호스피스 시설이나 병원의 도움을 받거나, 안락사를 택하는 것이다. 보호자의 모든 시간을 반려동물에게 할애할 수 없는 환경은 곧 경제적 부담으로 이어지고, 지칠 대로 지친 보호자에게 주어진 선택지는 안락사밖에 남지 않는다. 아주 힘든 결정일 것이다.

실제로 안락사 후 장례식장을 방문하는 보호자는 말할 수 없는 미안함과 죄책감 때문에 되돌릴 수 없는 후회를 많이 한다. 조금이라도 연명할 수 있는 방법과 선택지가 반려가정에게 주어진다면 이토록 안타까운 선택을 할 필요는 점점 사라질 것이다.

우리 사회에서 지금 시점에 필요한 것은 노령 동물과 호스피스 단계 동물에 대한 지원 사업이다. 제도적으로 구체화되기 위해서는 오랜 시간과 노력이 들겠지만 언젠가는 반드시 마련되어야 할 숙제와 같다. 늙고 병들었다는 이유로 길에 버려지고 있는 유기동물에 대한 문제점도 어느 정도 보완될 수 있을 것이다. 그리고 이런 부분이 어떻게 발전되느냐에 따라서 우리나라의 반려동물 문화가 선진화될 수도 후퇴될 수도 있다고 생각한다.

충분히
애도하는 법

　모든 사람의 사정이 다르듯, 누군가를 애도하는 방식 역시 다 같을 수 없다. 고요하고도 엄중히 추모실 안에 슬픔을 가득 채우는 것도 애도일 테고, 온 가족이 둘러 모여 오래전 사진을 한 장 한 장 바라보며 추억에 잠기는 것도 애도이다. 그리고 반려동물이 생전에 부대꼈던 이들의 조문을 받는 것 역시 애도 방법 중 하나다. 중요한 것은 애도하는 법이 다 다를지라도, 충분한 시간을 들이고, 온전한 환경을 조성하여 간절히 명복을 바라면 된다.

　일 년 만에 다시 만난 아이가 있었다. 장례식장에 처음 방문하는 반려동물은 대개 이제 막 숨을 거두고 깊은 잠을 자고 있는 아이들이지만, 간혹 아직 생명력 가득한 아이가 함께 방문하기도 한다. 똑 닮은 시츄 두 마리를 키웠던 보호자는 첫째 아이가 투병 중 무지개다리를 건넜을 때 우리 장례식장에 장례 예약을 했다. 장례 당일 보호자 가족은 별이가 담긴 운구함과 함께 또 다른 시츄 한 마리를 품에 안고 나타났다.

보호자는 먼저 소풍을 떠난 별이와 같은 병을 앓고 있었던 형제견 달이를 혼자 둘 수 없어 동행했다고 했다. 그러면서 혹시 달이가 좋지 않은 기억을 갖게 되지는 않을까 걱정된다고 했다. 달이는 아무것도 모른다는 듯 그 큰 눈망울로 내 얼굴을 빤히 쳐다보고 있었다.

추모실 안에서의 시간이 마무리되고 별이의 화장이 진행되자 보호자는 품에 안고 있던 달이를 어떻게 할지 몰라 당황했다. 별이에게 마지막 인사를 전하는 시간이었기에 보호자를 포함한 가족들의 울음은 멈추지 않았다. 나는 보호자 품에 안겨 있던 달이를 받아 안았다. 그 순간만큼은 가족 모두가 별이의 명복을 충분히 빌어 주어야 했다. 달이도 가족들의 울음을 알아차렸던 걸까. 내게 안긴 달이의 큰 눈이 유리벽 너머 아주 먼 곳으로 떠나는 별이를 가만히 바라보고 있었다. 2017년 어느 날이었다.

그리고 정확히 1년이 지나 달이는 내게 다시 안겼다. 이번엔 곤히 잠들어 있어서 큰 눈망울은 볼 수 없었다. 1년 전 별이의 장례식이 모두 끝나고 나는 달이에게 더 건강해지고 아주 나중에 다시 만나자는 작별 인사를 했던 게 기억났다. 내가 말한 '나중에'는 훨씬 긴 시간이었는데, 달이에게는 지난 1년이 꽤 긴 시간이었던 것 같았다. 달이는 1년 전 별이가 염습을 했던 곳에서 염습을 하고, 별이가 안치되어 있었던 추모실을 이용했다. 그리고 별이가 화장되었던 화장로에서 달이 역시 영원한 안식의 세계로 넘어 갔다. 보호자는 별이와 달이는 이제 아픈 곳 없이 마음껏 뛰어 놀고 있을 거라고, 별이가 마중 나와 있을 거라고 했다.

형제 동물이나 친구 동물의 장례를 같은 공간에서 진행해 달라고 부탁하는 경우가 있다. 생전 친하게 지냈던 아이들이 함께 무지개다리를 건너지는 못하더라도 무지개다리 너머에서 먼저 건너간 친구들이 기다리고 있을 거라는 믿음이 있어서다.

보호자는 아이가 조금이라도 더 행복할 수 있는 방법을 찾고 싶어한다. 그 자체가 온전한 애도의 방식인 것이다. 현실적으로 가능하다면 그렇게 하는 것이 좋다고 생각한다. 만약 해 주고 싶은 것을 해주지 못했을 때 보호자는 평생 후회를 안고 살아가게 될 것이다.

어느 반려견 모임 회원들은 장례식장의 특정 추모실을 사용하게 해 달라고 요청하기도 한다. 보호자들끼리 연을 맺으면서 가장 먼저 세상을 떠난 아이의 장례식을 그대로 따라 보기로 한 것이다. 그다음, 또 그다음에도 세상을 떠난 아이들은 친구들이 먼저 떠났던 곳에서 같은 형식의 장례를 치르고 회원들의 조문을 받는 한편 영상과 사진으로 자료를 남기고 있다.

생전에 함께 어울렸던 친구의 발자취를 그대로 따라간다면 처음으로 혼자 무지개다리를 건너야 할 아이는 낯선 두려움을 극복할 수 있을 거라고, 보호자는 믿는 것이다. 그 간절한 바람은 충분한 애도를 위한 첫걸음일 테다.

사실 이러한 고민들은 죽음을 받아들이고서 가능하다. 반려동물의 마지막을 예상하거나 대비해 온 보호자라면 충분히 애도할 수 있는 준비를 할 것이고, 그럼으로써 슬픔의 강도를 최소화하고자 노력할 수 있다. 반면 거대한 슬픔을 대비하지 못한 보호자는 갑자기 자기 앞에 벌어진 상황을 제대로 인지하는 것조차 힘들 수밖에 없다. 장례 준비는커녕 아이의 죽음을 부정하기도 한다.

장례가 진행되는 몇 시간 동안 몸을 가누지 못할 정도로 오열하던 보호자가 있었다. 갑작스러운 사고로 목숨을 잃은 아이의 장례였고, 지인이 대신 예약을 한 경우였다. 경황없이 도착한 보호자는 추모실 안에서 완전히 무너졌다. 보호자는 아이를 보낼 자신이 없었는지 추모실 밖으로 나오지도, 담당 장례지도사를 부르지도 않았다. 몇 시간 지속된 울음은 그치기는커녕 실신 직전까지 그 강도가 심해지고 있었다. 이러다 큰일 날 것 같다는 생각이 들었다. 나는 보호자에게 조심스럽지만 단호하게 상황을 설명해야만 했다. 아무리 슬프고 힘들어도 아이의 장례는 지금뿐이고, 이 과정을 눈으로 똑똑히 보지 않는다면 앞으로 큰 후회로 남을 것이라고 말했다. 그 말을 듣고 보호자의 울음은 점차 사그러들기 시작했다.

보호자 입장보다 아이의 입장에서 생각해 달라며, 지금 이 순간 충분히 슬퍼하는 것은 좋지만 아이가 엄마의 무너지는 모습을 마지막으로 보고 간다고 생각한다면 분명 걱정을 안고 떠나야 할 거라는 말을 보탰다. 보호자는 그제야 정신이 났다는 듯 힘을 주어 몸을 일으켰다. 이후 장례는 안전하게 치를 수 있었다.

반려동물의 장례를 치르는 순간만큼은 보호자가 자신의 아이를 슬픔의 대상으로 인식할 수밖에 없다. 그러나 그것을 과도하게 드러내게 되면 추모와 애도를 목적으로 하는 장례 의식을 그르칠 수 있다. 무엇보다 자신의 감정을 폭발시키는 순간 아이는 뒷전이 될 공산이 크고, 결국 나중에 남는 건 후회밖에 없을 것이다. 세상을 떠난 아이의 마지막을 기억해 낼 때 몸도 못 가눌 정도로 정신없이 울던 자신의 모습만 기억 속에 가득할 것이고, 아이의 명복을 위해 엄중히 진행되었던 장면들은 파편처럼 흩어져 버리는 것이다.

그 자리를 지키는 사람 중 가장 진중하면서도 냉정해야 하는 이는 장례지도사다. 예상치 못한 상황이 벌어지고 보호자와 반려동물 모두에게 좋지 않은 영향을 끼친다고 판단된다면 기꺼이, 하지만 신중하게 개입해 안내해야 한다. 타인의 감정을 제어한다는 것은 사실상 불가능한 일이다. 다만 그 감정이 어느 정도 소진되고 아이에 대한 올바른 애도 방법이 무엇인지 주지시킨다면, 영원히 기억할 수 있는 마지막 인사의 기회를 제대로 마련해 줄 수 있다.

누구나 힘들고 슬프다. 우리는 마지막까지 기억하기 위해 그 자리를 준비한 것이고, 충분한 사랑을 전하려고 부단히 노력해야 하는 시간이다. 지금까지 허투루 보낸 순간순간이 아쉬워 후회하고 있다면, 아이를 마지막까지 지켜 주고자 하는 수고를 두려워하지 말아야 한다. 아이는 당신이 이 세상에서 가장 강하다고 여기며 눈을 감았을 거다.

마지막으로
해야 할 일

죽음은 불현듯 찾아온다. 우리가 사랑해 마지않는 반려동물의 죽음 역시 아무도 예상하지 못한 순간에 어느덧 곁에 와 자리 잡는다. 나와 함께한 삶에서 나의 반려동물은 행복했을까, 아니면 불행했을까. 끝내 들을 수 없는 대답은 영원히 가슴 속으로만 유추하며 살아야 한다.

보호자들은 반려동물의 최후를 가늠할 수 없지만, 언젠가 갑자기 곁을 떠날 거라는 사실은 이미 알고 있을 것이다. 그렇다면 우리는 당장 무엇을 해야 할까. 나는 해 주던 것을 더 해 주고, 해 주지 못했던 것을 해 주면 된다고 말한다.

첫 번째, 아이에게 사랑을 표현하세요.

물론 지금도 많은 보호자들이 무한한 애정을 담아 반려동물에게 사랑을 표현하고 있을 것이다. 그렇다면 더 이상 어떻게 더 사랑을 표현해야 한단 말인가. 평소에 반려동물에게 "예뻐, 귀여워, 사랑해……."라고 넘치는 애정을 표현하다가도, 막상 반려동물이 아프면 "안 아플 거야, 이제 괜찮아, 미안해……."라고 걱정과 미안함을 담은 표현을 훨씬 더 많이 하게 마련이다.

당연하다. 내 눈앞에서 내가 가장 사랑하는 존재가 힘들어 하는 모습을 보고 그 누가 멀쩡할 수 있을까. 그러나 문제는, 이때의 미안한 감정이 반려동물의 마지막까지, 혹은 그 이후 복귀한 일상에까지 연장되어 굳게 자리 잡게 된다는 것이다.

분명 기분 좋을 리 없겠지만, 나와 반려동물 사이에서만 통용되었던 소통 방법을 동원해 사랑을 표현하는 것은 어떨까. 가령 "싼쵸~ 간식!"처럼 간식 시간이 되었을 때 부르는 말이나, "싼쵸~ 가자!"처럼 산책을 나가기 전에 부르는 말로 자주 불러 주는 것이 미안함을 자꾸 고백하는 것보다 평소 둘 사이에서만 느꼈던 애착을 확인하는데 더 효과적이다.

두 번째, 사진을 많이 찍어 두세요.

오래전 내가 직접 장례를 진행했던 한 보호자에게 연락을 받은 적이 있다. 아이를 떠나보낸 지 3년이 넘은 시점이었다. 근데 시간이 지날수록 선명했던 아이의 모습이 머릿속에서 흐릿해지기 시작했다는 얘기였다. 다시 제대로 떠올리려고 해도 그 아이와 행복했던 몇몇 장면이 통째로 떠오를 뿐이었다. 너무 예쁜 모습으로 촉촉하게 젖어 있던 콧방울, 살짝 처진 눈썹의 각도, 작지만 뾰족했던 이빨, 햇빛을 받아 반짝이던 털처럼 오감을 동원해 겨우 기억해 낼 수 있는 그 아이의 생김새가 명징하게 그려지지 않는다고 했다. 보호자는 10년을 넘게 함께 지냈는데 겨우 3년 만에 자식을 잊어버린 부모가 된 것 같다며 죄책감을 토로했다.

물론 대부분의 보호자들이 반려동물의 사진을 아주 많이 찍어 놓는다. 그러나 반려동물이 세상을 떠나면 생전 사진을 보는 것만으로도 마음이 아파 사진을 정리하거나 한동안 찾아보지 않는다고 한다.

하지만 우리는 앞으로 조금씩 삶에 스며들기 시작할 후회에 대항하기 위해 '나만 아는 기억'을 어떠한 수단을 동원해서라도 백업해 놓을 필요가 있다. 그리워하는 것도 기억이 남아 있어야 가능한 법이다.

세 번째, 아이의 털을 조금 모아 두세요.

이별한 반려동물을 꿈속에서 만나는 일이 종종 있다. 많은 보호자들이 경험한 펫로스증후군의 증상 중 하나다. 꿈에 등장한 반려동물은 가장 예뻤을 때의 모습일 수도 있고, 많이 아팠을 때의 모습일 수도 있고, 한 번도 보지 못한 모습일 수도 있다.

하지만 꿈에서 깨어난 순간 엄청난 슬픔이 밀려온다. 특히 단 한순간이라도 놓치고 싶지 않아, 몸의 모든 기관을 열어 반려동물을 보고 만지던 감각 자체가 아직 온몸에 남아 있는 것 같아 정말로 곁에 왔다 간 것은 아니었는지 의심할 정도의 경험을 하기도 한다.

'다시 만지고 싶다, 다시 느끼고 싶다'라고 생각해도 그럴 수 없다는 것을 알기에 망연자실한 기분이 들 뿐이다. 그럴 때 반려동물의 생전 털을 모아 두었다면 잊고 있던 촉감을 재생하는 데 도움이 된다.

실제로 직접 피부가 맞닿아 느끼는 촉감이야말로 사람에게 가장 큰 위로가 된다고 한다. 그 위로가, 나의 반려동물이 남기고 간 약간의 털이라면 꿈속에서 잠시 느꼈던 행복을 현실의 위로와 충분히 맞바꿀 수 있을 것이다.

네 번째, 오랫동안 만나지 못했던 가족, 친구들을 만나게 해 주세요.

반려동물의 마지막을 준비한다면, 가족 외에 함께한 추억이 있거나 직간접적으로 애정을 주었던 이들을 초대하는 자리를 마련하는 것도 좋다. 물론 그전에 주변에 현재 상황을 알리는 것이 더 중요하다. 나의 반려동물이 위독하다는 사실을 전달하고자 하는 의도가 아니다. 그동안 서로 사랑했던 우리가 곧 이별을 준비한다고, 우리의 축복을 빌어 달라는 취지가 알맞다. 물론 낯선 사람에 대한 경계가 심한 반려동물이나 절대 안정이 필요한 반려동물은 스트레스를 받을 수 있기 때문에 조심하는 것이 좋다.

반려동물과의 이별을 그저 안 좋은 얘기로 치부하고 오히려 주변에서 관련 대화를 애써 차단한다면 보호자는 생각지 못한 심적 부담을 안게 될 것이다. 자신의 반려동물을 잃고 혼자 슬픔을 참아 왔지만, 도저히 못 견딜 때가 찾아온다. 당장이라도 시간을 되돌리고 싶은 순간 말이다. 그때 진심을 말할 수 있는 존재가 아무도 없다면 보호자는 쉽게 무너질 것이다.

그래서 자신의 반려동물의 상황을 진솔하게 얘기하고 위로와 축복이 가능한 가족, 친구들의 도움이 필요하다. 반려동물도 잠시라도 자신을 어여삐 여겼던 이들과 마지막 인사를 나눈다면 홀로 떠나야 하는 먼 길이 덜 외로울 것이다.

다섯 번째, 버킷리스트를 준비하세요.

나의 반려동물과 함께 할 수 있었지만, 아직 하지 못한 게 있다면 실현 가능한 것부터 시도해 보는 것이 좋다. 이유는 단순하다. 더 잘 해 주지 못했다는 후회를 덜 남기기 위해서다. 산책을 좋아하는 강아지라면 조금 시간을 내어 가까운 곳으로 여행을 다녀오는 것도 나쁘지 않다. 매일 여기저기 발자국을 남겼던 동네 산책 코스를 벗어나 생소하고 낯설지만 처음 맡아 보는 공기와 분위기야말로 마지막이 될 수도 있는 보호자와 반려동물의 선물로 제격이다.

고양이 수니의 마지막을 준비해 왔던 보호자는 그동안 쓰지 못한 연차를 몰아내고 며칠 동안 집 안에서 수니와 붙어 지냈다고 한다. 집에 와서는 잠만 자고 다시 출근했던 지난 몇 년 동안 수니를 방치해 놓은 것 같아서, 그게 너무 미안해서 더 늦기 전에 휴가를 냈다고 했다. 그리고 집 밖으로 한 발짝도 나가지 않고, 생산적인 활동은 아무것도 하지 않으면서 수니와 붙어 지낸 게 열흘이었다.

혼자 지낸 시간이 길어 처음 며칠은 오히려 수니가 귀찮아했지만 금세 애교 많던 아기 때처럼 보호자의 '껌딱지'가 되어 주었다고 했다. 보호자는 열흘이 너무 짧아서 아쉬웠던 것 말고는, 모든 것이 그렇게나 좋을 수 있을까 싶었다고 했다. 마치 이렇게만 지내면 이제 수명을 거의 다 한 것 같았던 수니도 왠지 더 오래오래 살 수 있을 것 같은 착각이 들었다고 했다.

그리고 다시 며칠 후 수니는 보호자가 집 밖에 나가지 않았던 어느 일요일, 조용히 깊은 잠에 들었다고 했다. 보호자는 먹먹했지만 담백한 슬픔이었다고 표현했다. 그렇게 수니와 함께 지낸 시간이 정말 소중하고 가장 필요했던 순간이었다고 회상했다.

호스피스 단계로 접어든 반려동물은 조금 각별하다. 푸들 마스에게 더 이상의 치료는 무의미하다는 병원의 이야기를 듣고 보호자는 마스를 집으로 데려왔다. 사실 생사가 갈리는 순간이 얼마 남지 않았다는 얘기까지 들었던 터였다. 병원에 입원해 있던 한 달 동안 마스에게는 매일 힘들게 약물이 투여되었고, 그 모습을 지켜보는 보호자의 마음도 몹시 불편했다고 한다.

그리고 집으로 마스를 데려온 날부터 약물 급여를 중단하고 평소에 좋아했던 음식을 준비해 주었다고 한다. 사료나 간식보다 더 좋아했던 삶은 고구마나 닭가슴살, 삶은 달걀처럼 조금씩 떼어서 맛보게 했던 것들이었다. 사람 음식이라 먹이면 안 되었지만, 평소 음식 냄새가 나면 마스는 먹고 싶다며 엄청 졸랐는데, 그때마다 "안 돼!"라고 강하게 말했던 기억이 보호자의 마음에 잘 가시지 않고 있었다고 한다.

시한부 판정을 받은 마스가 하고 싶어 했던 것을 허락해도 좋은 순간이 이제 온 것이 아닐까 생각했다고 한다. 신기하게도 마스는 병원에서의 불안하고 힘든 모습과 달리 그렇게 집 안에서 평온한 하루하루를 보냈다고 한다. 병원에서 말해 준 "얼마 안 남았다"는 날은 3개월간의 평온한 나날이 흐른 어느 날 찾아왔었고 너무나도 편안히 아이의 마지막을 지켰다고 보호자는 말했다.

여섯 번째, 장례식장에 대한 정보도 미리 알아보세요.

반려동물을 떠나보내는 과정에 막상 들어서면 보호자들은 감정 소모가 극심한 상황에서 경황이 없어 냉정한 선택이 필요한 순간 현명한 판단을 하기 어려워진다.

사람의 장례는 삼 일간 절차대로 진행되지만 반려동물의 장례 절차에 걸리는 시간은 세 시간 내외다. 물론 고정되거나 강제된 시간은 아니다. 충분히 시간을 들일 수 있는 여건이 조성된다면 세 시간보다 훨씬 오래, 그리고 더 다양한 장례 절차를 마련해 치를 수도 있다. 하지만 아직 우리 사회가 반려동물 장례에 충분한 시공간적 여건을 조성하지는 못하고 있는 것이 현실이다. 비록 세 시간 남짓의 장례 시간이지만 그 세 시간을 위해 보호자는 어느 정도 미리 대비를 할 필요가 있다.

안타깝고 슬픈 마음에 아무런 준비 없이 장례를 치르고 정신 차려 보면 그동안 하지 못하거나 해 주지 못한 것들이 기어코 생각나 괴롭히기 시작한다. 그래서 최소한 장례식장의 정보를 미리 습득해 놓을 필요가 있고, 혹시 모를 상황을 대비해 해당 장례식장의 위치와 운영시간, 그리고 장례 절차 등은 가족들과 협의 후에 공유해 놓으면 더 좋다.

후회는 큰 것보다 사소한 것이 더 오래 남는다고 한다. 준비가 필요한 보호자들이 적어도 반려동물 장례에 대한 정보를 숙지해서 반려동물을 정신없이 보내고서는 후회하는 일이 없었으면 하는 바람이다.

일곱 번째, 남은 시간 집에서 함께해 주세요.

반려동물의 마지막이 정말 얼마 남지 않았다고 판단된다면, 반려동물이 평소에 가장 편안함을 느꼈던 곳을 쾌적한 환경으로 조성해 줘야 한다. 급격히 위독한 상황이 발생했을 때는 병원으로 향하는 것이 좋다. 다만 큰 고통이 없는 상태라면 급히 병원으로 이동하는 과정에서 도리어 반려동물의 상태가 더 안 좋아질 수도 있기 때문에 보호자의 판단이 가장 중요하다. 만약 병원에 입원한 상태라면 담당 주치의 선생님과 충분히 협의한 뒤 집으로 데려와야 한다.

무엇보다 반려동물에게 자신이 가장 좋아했던 장소에 편안히 몸을 뉘일 수 있는 공간을 마련해 주고 최대한 같은 공간에 있어 주는 것이 좋다. 바로 그곳에서 반려동물과 보호자, 그리고 가족들과 함께 마지막 소통이 시작되고 끝이 날 것이다. 반려동물과 보호자 각자의 진심이 오가는 자리에서 아이의 숨소리를 집중해서 듣고 기억해 두었으면 한다.

여덟 번째, 아이의 마지막을 침착하게 지켜 주세요.

반려동물은 보호자의 눈빛만으로도 현재 보호자가 어떠한지 그 감정 상태를 헤아릴 수 있다고 한다. 반려동물의 사망 시점이 임박해 보인다면, 보호자는 당황하지 말고 최대한 침착한 모습으로 아이에게 그 믿음을 보여 주어야 한다. 내가 네 앞에 있으니 두려워하지 말라고 말하듯 말이다.

그렇게 반려동물이 보호자를 믿고 편안히 눈을 감을 수 있게 해 주어야 한다. 물론 말처럼 쉽지만은 않다. 그러나 반려동물과의 이별을 꾸준히 준비하고 대비해 온 보호자라면 묵묵하게 반려동물의 마지막 눈빛을 읽는 데 몰두할 것이다. 그리고 사랑해 마지않는 자신의 반려동물과의 이별을 받아들이는 것은 이렇게 임종 단계부터 시작되어야 하고 실제로 그 시간이 마지막으로 아이를 지켜 줄 수 있는 시간이기도 하다.

가장
애쓴 이에게

　화장이 끝나고 보호자가 반려동물의 유골을 확인하면 수골과 분골 과정을 거쳐 유골함에 봉안한다. 그리고 유골함을 보호자에게 인도하는 것으로 모든 장례 절차는 끝이 난다. 이때 장례지도사는 보호자에게 장례증명서를 발급해 주고 내용을 확인해 주십사 요청한다. 보호자에게는 더 이상 현실에 없는 존재가 되어 버린 반려동물을 작은 유골함과 서류상으로 확인하고 인정하는 자리다.

　그때가 되어서야 장례 내내 지속되고 있었던 긴장이 조금 풀리고 보호자와 제대로 눈을 맞추고 이야기할 수 있다. 보호자 역시 엄청난 슬픔의 여파로 인해 장례식 중 담당 장례지도사와 눈을 똑바로 마주치면서 냉정해지기 시작하는 순간이기도 하다. 도리어 그즈음이 되면 오히려 마음이 편안해졌다고 말하는 보호자도 있다. 직전까지 많이 울고 슬퍼하고, 또 진심을 다해 작별 인사를 하다 보니 세상이 무너질 것처럼 아팠던 고통이 겨우 잘 지나간 것 같다고 말한다. 그렇게 장례식장을 떠날 때가 되어서야 장례지도사와 마음 대 마음으로 마주하게 된 것이다.

담당했던 반려동물의 유골함을 보호자에게 인도하면서 장례증명서 내용을 설명하는 것으로, 나는 이제 모든 장례 절차가 종료되었다고 알린다. 그러고는 보호자에게 하고 싶은 이야기를 그제야 말한다.

"보호자님, 제가 한 말씀 드려도 될까요? 오늘 보호자님과 가족 분들을 모시고 진행되었던 모든 장례 절차는 이렇게 마무리가 되었습니다. 가족 분들께서 많이 슬퍼하시는 모습을 옆에서 보면서 마음이 참 무거웠습니다. 저 역시 반려동물과 함께 지내고 있는 한 명의 보호자이다 보니, 직접 아이의 장례를 진행하면서 최선을 다하기 위해 노력했습니다. 이곳에서 장례를 치른 아이들은 보통 여덟 살에서 열두 살 사이의 아이들이 가장 많은 편입니다. 오늘 이별한 아이가 스무 살 넘게 살아 가면서 가족 분들과 한없이 행복했다면 더 좋았을 겁니다. 보호자님도 잘 아시겠지만 이렇게 열다섯 살이 넘은 노령의 반려동물 중 마지막 날 많이 아프지 않고서 너무나 착하게 편히 눈을 감는 아이들이 사실 많지 않은 편입니다. 아마도 가족 분들께서 그동안 누구보다 열심히 아이를 보살펴 주셨기 때문에 이렇게 편하게 떠날 수 있었다고 생각합니다. 보호자님 정말 아이를 위해 그동안 고생 많으셨습니다. 정말 애 많이 쓰셨습니다."

반려동물의 사망 경위, 보호자의 상태에 따라 내용은 달라지지만 건네는 말의 취지는 같다. 반려동물의 상태가 좋지 못하다는 사실을 받아들이기 시작한 시점부터 장례 당일까지 짧거나 긴 나날을 버텨 온 보호자의 고생을 누구보다 잘 알고 있기 때문이다.

특히 마지막까지 힘든 치료를 받다 떠난 반려동물이라면 투병 생활이 시작되고 짧게는 며칠, 길게는 몇 년 동안 보호자는 곁에서 한시도 떨어질 수 없었을 것이다. 일상의 모든 선택에서 반려동물이 최우선순위가 되는 것은 물론이고 본인의 삶은 하나둘씩 포기하기 시작하는 시기이기도 하다.

무엇보다 반려동물이 받게 되는 고통을 지켜보는 것은 굉장히 괴로운 일이다. 고통을 덜어줄 수 있는 그 어떤 방법도 없지만 뜬 눈으로 몇 날 며칠을 밤 세우며 옆을 지키고 있어야 한다. 그만큼 체력적, 정신적으로 피폐해지는 한계점에 도달하게 되고, 경제적으로도 부담이 쌓이기 시작한다.

그럼에도 반려동물의 마지막까지 견뎌낸 보호자에게 내가 보낼 수 있는 짧은 헌사이기도 하다. 어쩌면 보호자 가족과 함께 모든 장례 절차를 마무리하는 시점에서 하늘나라로 떠난 아이를 대신해 그 아이가 전하고 싶었던 말을 대신 전해 주는 시간이기도 하다.

장례식장을 나와 정문 앞까지 보호자와 가족들을 배웅할 때는 보호자가 진심을 담아 고맙다고 말해 주기도 하는데, 그때 다시 한 번 내 마음을 전한다.

"보호자님 정말 그동안 고생 많으셨고요, 정말 애 많이 쓰셨습니다."

그 순간 많은 보호자들이 눈물을 왈칵 쏟아내는 경우가 많다. 하루 중 쏟아낸 눈물과는 조금 다른 종류의 눈물이다. 반려동물을 위해 자신을 희생하면서 대가를 바란 것은 아니지만, 지금까지 단 한 번도 그런 자신에게 고생했다고, 잘했다고 위안을 준 사람이 있었을까. 아마 생각해 보지도 않았을 것이다. 지금껏 확신 없이, 그저 책임과 사랑에서 우러나왔던 보호자로서의 최선이 누군가에게 동의 받고 인정받는 기분이었을 것이다. 실제로 한 보호자는 그 말 한마디가 평생 기억나고 쉽지 않았던 긴 시간에 대한 모든 것을 보상받는 느낌이었다고 회상했다.

당신의 최선이 아낌없었음을 알아주는 것, 그것이 내게 주어진 마지막 일이었다.

이
후
의
삶

준비된
위로

죽음을 받아들이고 죄책감을 떨치려면

보호자들이 사랑했던 반려동물과의 죽음을 받아들이기까지, 당연한 얘기겠지만 장례를 끝낸 보호자의 정서에는 큰 변화가 시작된다. 평소 자주 경험하지 못했을 미안함, 그리움, 상실감과 같은 기분에서 분노, 후회, 자책 같은 감정이 촉발되고 순전히 그 상태로 본인의 현실을 인정해야 하는 단계를 겪는다.

보호자는 익숙하거나 반복된 일상과 다른 충격적인 '사건'을 스스로 이해해야 하고 본인의 의지와 달리 반려동물에 대한 대부분의 감정을 정리해야 한다. 본인의 세상에서 어느 한 부분이 크게 훼손된 기분일 것이다.

장례만으로 반려동물과 이별을 제대로 끝낼 수 없다는 것은 누구나 알고 있다. 장례 이후의 삶은 그 누구도 책임지지 못할 만큼 각자의 몫으로 남겨진다. 보호자들은 바로 이때가 가장 힘들다고 말한다. 반려동물의 모습을 마지막으로 확인하고 화장 절차가 시작될 때 느낀 감정은 겨우 지탱하고 있던 몸과 마음이 한순간에 무너질 듯한 슬픔이라고 말한다.

반면 장례 이후 반려동물과의 이별을 스스로 이해하고 예상 밖의 슬픔을 정리하는 일은 생각보다 훨씬 많은 감정이 소모된다고 한다. 일상으로 온전히 돌아갈 수 없기에 실체가 없는 상실감을 매일 느끼는 기분이라고 한다. 과연, 어떤 그 누가 장례를 치렀다고 해서 이별을 기계적으로 받아들일 수 있을까.

장례를 마치고 일상으로 돌아간다는 것은 생각만큼 단순한 일이 아니다. 원래의 일상에는 방금 장례를 치른 반려동물과의 생활이 가득했기 때문이다. 그러니까 이젠 그 녀석이 없는 일상으로 "돌아간다"는 말에는 어폐가 있는 것이다. 정확히 말하면, 사랑했던 반려동물이 없는 새 삶을 살기 시작해야 한다는 것이다. 다시 생활의 방식이 바뀌게 되고 삶의 기준과 태도도 새로 구축해야 한다. 한 공간 안에서 하루 동안 발생하는 소리와 냄새, 공기, 분위기처럼 모든 것이 바뀌고 이제는 다시 모든 가족 구성원이 그 변화에 익숙해지고 적응해야 한다. 가족의 죽음처럼, 반려동물의 죽음 역시 그러한 수고가 발생한다. 그래서 장례 후 현실로, 일상으로 돌아가야 한다는 것은 보호자에게 또 다른 고통이다.

많은 보호자들이 반려동물을 떠나보내면서 이미 슬픔이 가득 찬 감정이 붕괴되는 기분까지 느껴 봤다고 말한다. 평생 홀로 있어 본 적 없을 텐데, 이제는 혼자 떠나보내야 하는 것에 대해 미안함이 또 다른 슬픔을 자아낸다는 것이다. 하지만 이 생각은 반려동물에게만 해당되는 것은 아니다. 장례 후 보호자가 현실로 돌아가는 과정은 단 한 번도 경험하지 못했던 홀로서기의 시작이다. 비로소 나만 반려동물의 보호자가 아니라 자신 역시 반려동물에게 큰 사랑과 보호를 받았던 존재라고 인식하게 되는 셈이다. 고로 홀로 무지개다리를 건넌 반려동물처럼 그 보호자도 홀로 새로운 하루로 건너가야 하는 것이다.

보호자가 반려동물의 죽음을 온전히 받아들이기까지 시간이 얼마나 걸리는지는 결코 예측할 수 없다. 우리가 가족의 죽음을 마음으로 받아들이고 평생 기억하며 살게 될 때까지 무척 어려운 시간을 보내야 하는 것처럼, 반려동물의 죽음 역시 상당한 시간 동안 힘든 감정을 다독이며 아주 오래오래 기억해야 한다.

사실 '원래대로 돌아간다'는 말은 성립할 수 없다. 원래대로라면 나의 반려동물도 함께여야 하기 때문이다. 그래서 사회활동에 영향을 끼치거나 다른 사람들에게 유난 떤다는 소리를 듣기 싫어서 스스로 반려동물이 원래 없었던 것처럼 억지로 행동하는 사람이 될 필요는 없다. 그보다 반려동물을 그리워하는 데 익숙해지면 된다.

보호자들은 반려동물을 잃은 시점부터 다시 일상에서 웃고 떠드는 것과 다른 동물을 예뻐하는 것에도 죄책감을 갖고 미안해한다. 하루에도 이러한 마음의 기복을 몇 번이고 겪는다. 꼭 거창한 약속이 아니라도 보호자는 아이가 살아 있을 때도 지키지 못했던 아주 사소한 약속까지 되살려 기억하기도 한다. 뒤늦은 후회는 그런 식으로 보호자를 괴롭힌다. 그래서 보호자만의 삶으로 홀로 돌아가는 것 자체가 두렵고, 그것이 반려동물을 배신하는 것처럼 느껴져 억지로라도 그 삶으로의 복귀를 본능적으로 반기지 못하는 것이 아닐까 생각한다.

결국 누구도 해결할 수 없는 슬픔에 빠질 수밖에 없다. 모든 보호자가 그런 것은 아니었지만 내가 만났던 많은 보호자들이 반려동물과의 이별 순간부터 그렇게 슬픔에 빠지게 되었다. 그때마다 나는 반려동물에게 미안한 마음 때문에 죄책감을 갖는 것보다 보호자가 정상적인 생활을 하면서 더 오래오래 반려동물을 기억할 수 있도록 잘 그리워하는 연습을 반복하라고 조언했다. 물론 모두에게 위로되는 말은 아닐 것이다. 오히려 먼저 떠난 반려동물을 생각하며 슬퍼하는 매일을 보내는 것이 나름의 이별 방식인 보호자도 있다. 그러나 이별의 방식을 선택할 수 있다면 그 가짓수를 더 보태서 고려해 보는 것이 좀 더 낫지 않을까 생각한다.

나는 그렇게 보호자가 반려동물의 죽음을 공식적인 이별로 받아들이고 훨씬 더 오랜 시간을 그 이별에 대해, 그동안 쌓은 그리움에 대해 말하고 기억하는 것도 좋을 것 같다고 생각한다. 실제로 그렇게 했으면 좋겠다고, 보호자의 내일을 응원하기도 했다.

억지로 현실로 돌아가려는 노력보다는 차라리 그 시간을 받아들이고 닥쳐올 현실 앞에 쓰러지고 무너지지 않도록 보호자가 집에 도착하는 순간부터는 스스로 어떤 기준을 정해 놓는 것이 중요하다. 떠난 반려동물을 마냥 슬픔으로 기억하는 것 역시 좋은 대처는 아니다. 어느 순간에는 기억에 듬뿍 묻은 슬픔을 조금씩 거둬낼 필요가 있다. 그래서 반려동물과의 교감을 통해 형성된 믿음을 바탕으로 슬픔보다는 행복과 추억의 비중이 더 많아지게 되는 그 '어느 순간'의 시점을 보호자가 직접 정해 놓는 것이 좋다.

가령 시기상으로 몇 번째 생일까지라든가, 몇 번째 기일이라든가, 숫자로 기억할 수 있는 날을 정하거나 다른 반려동물을 받아들일 때라든가, 함께 살던 공간에 변화가 있을 때처럼 특정한 시기를 마음속에 정해 놓는다. 그리고 그날부터는 보호자와 반려동물 사이에서 슬픔만큼은 모두 거둬내기로 마음먹은 것이다.

처음에는 야속할 수 있겠지만 그렇게 주어진 시간을 보낸다면 펫로스증후군에 대한 막연한 두려움으로부터 어느 정도 거리를 둘 수 있다.

펫로스증후군은 주변인이 결정한다

사실 보호자의 마음가짐과 태도도 중요하지만, 보호자의 주변 환경이 펫로스증후군의 경과를 결정할 정도로 더더욱 중요하다.

대부분의 보호자들은 장례 직후 감정적인 생각과 행동을 우선하게 되는데 이때 주변의 가족과 지인, 그리고 보호자가 속한 사회적 환경이 큰 영향을 미친다. 물론 보호자 옆에서 슬픔을 함께 나눌 수 있고 보호자의 정신적, 신체적 건강을 위해 조력해 줄 수 있는 사람이 있다면 가장 좋다. 그러나 당사자의 슬픔을 전부 이해하고 돕는다는 것은 거의 불가능하다.

다만 보호자의 슬픔을 경감시키기 위해 무리한 언행과 반응을 하는 것만큼은 피해야 한다. 극단적인 예로, "살 만큼 살았잖아. 좋은 데 갔을 거야.", "다시 다른 애 데려다 키우면 되지.", "이제 네 생활 해야지."처럼 무심하고 무책임하게 들릴 수 있는 말들이지만, 보호자들이 연을 맺고 있는 사람들이 모두 반려동물과 함께 생활하고 있는 것은 아니다. 생각보다 보호자에게 상처를 줄 만한 말들이 우리 주변에서 숱하게 오갈 수 있다.

표현이 모두 될 수 없는 만큼 보호자의 슬픔은 시간이 지날수록 더욱 짙어질 테지만, 또 그만큼 보호받을 자격이 있다. 하지만 아직 우리 사회에서는 누군가에게 반려동물을 잃은 슬픔을 제대로 보호 받기란 쉬운 일이 아니다. 안타깝게도 많은 반려동물 보호자들이 사회의 이해를 썩 기대하지 않는 편인 것이 현실이다.

보호자에게 반려동물에 대한 애도는 평생일 텐데, 사회는 하루 이틀 정도면 훌훌 털어 버릴 수 있는 '안타까움' 정도로만 생각한다. 사실 반려동물이 평일보다 주말을 골라 세상을 떠나는 것은 아닐 텐데, 장례 문의와 예약 문의는 주말과 휴일이 압도적으로 많다. 물론 사체 보존이 잘 된 상태라면 보통 사후 72시간까지는 화장 시기를 조금 늦춰도 괜찮다.

그럼에도 주말이나 휴일에 반려동물들의 장례가 몰리는 이유는 보호자의 가능한 일정에 따라 치러질 수밖에 없기 때문이다. 보호자라고 해서 안 그래도 상대적으로 많은 장례가 치러지는 주말에 반려동물의 마지막을 준비해 주고 싶진 않을 것이다. 여러 가지 사정상, 그러니까 직장인이라면 갑작스러운 휴가를 사용하기 힘들 테고, 무엇보다 반려동물의 장례식을 사유로 휴가 사용에 대한 절차를 밟는 것을 꺼릴 수도 있다.

또는 투병 생활 끝에 떠나게 된 반려동물이라면 이미 그 보호자는 자신의 휴가를 반려동물을 위해 급히 사용했을 가능성이 높다. 그러면 정작 장례식만큼은 덜 서두르고 싶은 마음과 회사에 폐 끼치고 싶지 않은 마음에 주말로 정했을 것이다.

하지만 이러한 과정에서 보호자는 이미 반려동물에게 미안한 마음을 갖게 되고, 스스로 자신의 솔직한 마음을 숨기게 된다. 누구도 이해하지 못할 것이라는 확신이 점점 커지는 것이다. 아무도 모르겠지만 반려동물을 떠나보낸 보호자의 마음은 이처럼 고된 과정을 거쳐 만신창이가 되기 쉽다.

내가 나를 속이는 자체부터 사랑했던 반려동물에게 상처를 준다고 생각하게 되고 아무에게도 도움 받지 못하고 스스로 하루하루 버텨야 한다고 여긴다. 그만큼 주변인들의 도움이 절실하다. 적어도 상처가 될 만한 언행은 조심해야 한다. 이미 보호자는 숱한 상처를 받았기 때문이다. 보호자는 괜찮다고 말하지 못한다. 괜찮다고 말하는 것 역시 반려동물이 서운해할 수 있다는 생각 때문이다. 적당한 거리에서 좋은 기억을 갖고 앞으로의 삶을 살 수 있다는 희망과 위로를 전달하는 것이 주변인의 역할이다. 보호자의 솔직한 마음과 표현을 헤아려 줄 수 있는 조력자의 존재가 필요한 셈이다.

반면 반려동물을 떠나보낸 보호자들이 서로 위로하기 위한 목적으로 활동하는 커뮤니티가 있는데, 아직 우리나라에서는 완전히 공인되거나 효과적인 활동으로 보기 어렵다. 각자의 사연을 주고받음으로써 펫로스증후군을 치유한다고 하지만 실제로 커뮤니티의 진행 방식이 전문적이지 않고 자칫 심리적인 충격이 전이될 수 있는 위험한 측면도 있다.

펫로스증후군을 겪고 있는 보호자가 전문적인 상담 단계가 마련되지 않은 모임에 정기적으로 노출되었을 때를 고려하지 않을 수 없다. 커뮤니티 안에서 서로가 느끼는 상실감의 표현이나 수위가 알맞지 않다면 도리어 더 큰 상실감을 느낄 수 있기 때문이다. 물론 앞으로 우리나라에도 전문화되고 공인된 연구에 따른 상담 과정을 바탕으로 펫로스증후군 모임이 생기고 발전할 것이다.

다만 같은 아픔을 가진 사람들이 모여서 섣불리 다양한 슬픔에 노출되었다가 더 큰 충격을 받을 수 있다는 말이다. 왜냐하면 보호자가 떠나보낸 반려동물은 그 누구에게보다 소중하며 유일한 슬픔이지 모두가 함께 느낄 수 있는 슬픔이 아니기 때문이다. 반려동물을 잃어 슬픔을 나누는 모임보다, 차라리 반려동물과의 추억을 회상하는 모임을 추천한다.

반려동물이 살아 있을 때는 더 사랑해 줄 시간이 부족하다고 생각한다. 그리고 반려동물을 떠나보냈을 때는 더 사랑해 줄 걸 후회한다. 반대로 이제는 반려동물을 더 기억할 시간이 부족해진 것이다. 내가 사랑했던 반려동물을 혼자서 묵묵히 기억하고 추억하는 데도 시간과 공이 든다. 우리에게 주어진 시간만큼 반려동물을 기억해야 하는 수고가 아닌, 아직 충분히 기억할 수 있는 기회가 주어진 것이다.

문득 찾아오는 상실감, 그리고 후회

반려동물을 잃고 난 후 문득 찾아오는 상실감을 어떻게 해야 할까. 반려동물과 보호자 사이에 형성된 유대감이라는 것은 둘만의 고유한 정서이기 때문에 펫로스 후 발생하는 상실감의 형태도 제각각이다.

3년 전 내게 반려동물의 장례를 맡기고 지금까지 종종 연락하며 안부를 건네는 한 보호자는 상실감을 극복하려는 노력보다 도리어 그 상실감을 이해하고 인정하기 위해 노력 중이라고 말했다. 그 역시 꽤 오랫동안, 전부였던 반려동물이 세상을 떠나면서 이제 내게 아무것도 남지 않았다는 생각이 머릿속에 돌아다닌다고 말한다.

특히 장례식장에서 집으로 돌아온 순간 다잡았던 마음이 예고 없이 툭 떨어지는 바람에 그 자리에 주저앉아 오래도록 울었다고 했다. 오늘 멀리 떠나보낸 반려동물이 이제 이 공간에 없는 것이 이토록 사람을 무력하게 만들 수도 있다는 걸 처음 느껴 보았다고 했다. 며칠을 그렇게 보내면서 그 아이가 주고 떠난 상실감과 무력함이 곧 선물일지도 모른다고 생각하니까 그때부터 조금씩 마음이 편해졌다고 했다.

슈나우저 릴리는 사망하기 8개월 전부터 병원에서 집중 치료를 받았다. 보호자나 릴리에게는 정말 긴 시간이었다. 치료가 시작되고 힘든 고비도 몇 번 넘기면서 보호자와 릴리는 서로를 의지하며 잘 버텨냈다. 보호자는 그때부터 릴리를 떠나보내는 날까지 단 한 번도 릴리 앞에서 눈물을 보이지 않았다고 했다. 자기만 보고 겨우 힘을 내보는 릴리에게 약한 모습을 보이기 싫었다며, 사망 전날까지도 평소처럼 아무 티를 내지 않았다고 했다.

하물며 장례 진행 중에도 보호자는 슬픔을 꾹꾹 누르면서 애써 묵묵히 담담해지기 위해, 릴리에게 마지막까지 강인한 모습을 보이기 위해 노력하는 것 같았다. 화장 직전까지 입가에 머금은 옅은 미소가 릴리 덕분에 행복했다고, 고마웠다고 대신 말하는 것 같았다. 하지만 장례 중 짧은 대화를 하면서 보호자의 떨리는 한 마디 한 마디로 지금까지 필사적으로 참고 있었다는 것을 알 수 있었다. 이미 충혈된 눈에는 눈물이 그렁그렁 맺혔지만 결코 떨어트리지 않은 채였다.

그랬던 보호자가 집에 돌아가 느낀 공허함과 상실감으로 인해 한순간에 무너진 것이다. 집에 돌아왔을 때 릴리가 없다는 사실에 참았던 눈물이 한꺼번에 쏟아졌고, 동시에 벌써 하늘에 도착해 지금의 자신을 지켜보고 있을 릴리를 생각하니 많이 창피했다고 한다. 이제부터 항상 릴리는 자신의 모든 걸 어디선가 지켜보고 있으리라는 생각이 들어 좀 더 마음을 다 잡아야 할 것 같았다고 했다.

마냥 감내해야 하는 슬픔이 아니라, 릴리와 자신만 알고 있는 둘만의 슬픔이라고 정해 버리자 보호자는 수월하게 받아들일 수 있게 된 것이다. 마음속의 상실감과 슬픔을 원망하는 것보다 하루하루 릴리가 내준 숙제를 하듯 잘 버티고 도로 행복해지는 모습이야말로 마지막으로 주어진 보호자로서의 책임이라는 생각이 들었다.

우울한 것만이 펫로스증후군은 아니다

사랑하는 반려동물을 잃고 펫로스증후군에 빠졌다고 해서 모두가 다 우울한 것만은 아니다. 반대로 우울하지 않다고 펫로스증후군이 아니라고 말하기도 어렵다. 내 생각으로는 펫로스증후군을 '반려동물을 잃고 난 후 감정을 스스로 제어하기 힘든 상태'로 정의하는 것이 좀 더 명확한 표현 아닐까 싶다.

펫로스증후군을 이 세상 모든 것이 슬픔으로 가득 찬 상태로 생각하기 쉽지만, 반려동물과의 행복한 한때를 떠올리면 다시 그때의 감정을 재생하게 되는 경우도 포함한다. 하지만 문제는 이 행복했던 감정이 결국엔 우울과 무기력을 동반한다는 것이다.

한편 반려동물을 잃었기 때문에 우울하다고 말하는 것은 조금 위험하다. 조금 달리 말하면, 우울한 심경은 펫로스증후군 때문이 아니라 펫로스증후군에 의한 슬픔 때문에 촉발하는 것이다. 그래서 우울을 극복하는 것만으로 펫로스증후군이 극복되는 것은 아니기 때문에 자칫 펫로스증후군과 우울함을 동일시할 경우 도리어 슬픔에 빠진 보호자의 마음이 가벼이, 혹은 다른 방향으로 여겨질 수 있다.

누군가는 펫로스증후군을 하느님이 내려주신 천벌이라고 말한다.

그만큼 엄청난 슬픔이 삶을 장악하게 되는 것인데, 이것을 마치 개인적인 투정처럼 비춘다면 정작 사회의 도움이 필요한 보호자들에게 자칫 무례한 일이 될지도 모른다. 펫로스로 인한 아픔에 공감하면서 동시에 발생할 수 있는 또 다른 편견을 경계해야 할 것이다.

돌아올 수 없는
아이들

길고양이 한 마리가 숨을 거뒀고 급히 장례를 치르고 싶다는 연락
을 받았다. 다음 날 방문한 보호자들은 길고양이 나방이의 시신을
내게 조심히 양도했다. 보호자들, 그러니까 캣맘들이었는데 평소 나
방이에게 밥을 주거나 거처를 제공한 이들이었다.

염습을 위해 나방이의 시신을 처음 봤을 때 이루 말할 수 없을 정
도로 다친 곳이 많아 보였다. 온몸 군데군데에 심각한 손상을 입은
채 즉사한 것이었다. 질병 감염사도 아니었고 사고사도 아니었다.
며칠 전부터 수원 광교 호수공원의 나방이 학대 사건이 온라인상에
서 이슈였다는 것을 미처 모르고 있었고, 보호자들도 장례 문의 시

그런 설명을 굳이 하지 않았었다.

나방이의 시신을 확인하고서야 보호자 중 한 명에게서 설명을 들을 수 있었다. 나방이는 안구가 돌출된 상태로 두부 함몰이 된 상태였고 그 외 온몸에 성한 구석이 없을 정도로 참혹했다. 구조 직후 곧장 병원으로 이송돼 집중 치료를 받았지만 끝내 사망한 것이라고 했다.

염습 시 벌어지거나 찢어진 상처는 보통 꿰매서 수습해 주는데, 나방이의 상처는 그 상태가 너무 심해서 수습이 쉽지 않았다. 나방이의 작은 몸을 아주 조심스럽게 닦으면서 내 마음의 뜨거운 기운은 쉽게 가라앉지 않았다.

머릿속에는 '누굴까?'보다 '왜 그랬을까?'라는 질문이 먼저 떠올랐다. 도대체 이 아이가 무슨 큰 잘못을 했길래, 누가 고단하기만 했던 길 생활의 끝을 이토록 잔혹하게 망가뜨렸을까. 나는 장례지도사로서 끓어오르는 분노를 꾹꾹 누르며 최대한 평온한 표정과 말투로 장례를 진행했다. 나는 사실 절망했다.

추모실이 넓지 않아서 나방이를 추모하기 위해 먼저 와 있던 보호자들과 나중에 차례로 방문한 추모객들이 교대로 입장하여 나방이의 안식을 빌었다. 평소 나방이를 봐오고 챙겨 왔던 추모객들이 열두

명 정도 조문한 것으로 기억한다. 반려동물 장례식에는 많아야 한 가족 정도가 방문하는 편이지만, 나방이의 장례식에는 정말 많은 사람들이 함께해 주었다. 그만큼 나방이는 많은 사랑을 받아 왔던 아이였다.

그날 내가 경험한 장례식은 분위기가 사뭇 달랐다. 슬픔보다 분노와 안타까움이 가득했다. 자신을 자책하거나 미안함을 반복해서 전하는 사람들의 모습이 장례식장을 온통 전염시키는 것 같았다. 나중에 들어 안 사실이지만, 나방이는 며칠 후 입양이 예정된 상태였다. 그래서 더더욱 캣맘들이 신경을 써 주고 있던 상황에서 안타까운 일이 발생한 것이다. 조금만 더 빨리 입양을 보냈다면, 조금 더 자주 찾아봤다면, 이런 끔찍한 일이 벌어지지 않았을까. 캣맘들의 마음 한구석은 그렇게 나방이에 대한 미안함으로 가득 채워졌다.

나방이는 장례식장 내 마련된 납골당에 안치되었다. 지금도 나방이를 기억했던 많은 사람들이 납골당을 방문하고 있다. 납골당에는 많은 아이들이 안치되어 있지만 유독 나방이의 자리에 내 시선이 오래 머문 적이 많다. 그때마다 나는, 나방이에게 오늘도 편안히 잘 있었느냐고 인사를 건넨다.

슬픔은 참지도, 숨기지도 말고

슬픔은 억지로 참지 말아야 한다. 인정받지 못하는 슬픔이란 것은 없다. 아무리 우리 사회가 반려가정에 대한 공감 능력이 부족하다고 해도, 남의 슬픔을 폄훼하는 것이 나쁘다는 것쯤은 인지하고 있다. 물론 보호자의 슬픔 모두를 타인이 이해할 수는 없다. 그저 위로하거나 아무런 말을 하지 않을 뿐이다. 바꿔 말하면 자신의 감정을 굳이 숨길 필요가 없다는 말이다.

펫로스증후군의 원인 역시 다른 사람에게 말 못 할 슬픔이라는 인식 때문이다. 다른 사람이 전부 이해를 못 할 뿐이지 알리지 못할 이유가 무엇이겠는가. 결국 반려동물 보호자는 펫로스증후군의 당사자임에도 사회 안에서는 약자일 수밖에 없다.

펫로스증후군은 반려동물의 죽음처럼 어느 날 갑자기 찾아온다. 노령이거나 병세가 악화되기 시작한 반려동물의 상태와 현재 자신의 심리 상태를 가까운 사람들에게 넌지시라도 이야기해야 한다. 물론 해결책이나 해법을 기대할 필요는 없다. 나의 사정을 알리는 것만으로 이별을 보다 잘 준비할 수 있다.

남겨 놓은 추억은 평생을 대체한다

사진이나 영상이 반려동물을 추억하는 가장 효과적인 방법이라는 것은 정말 당연한 얘기다. 반려동물과의 첫 만남에서부터 마지막 이별까지 보호자는 어쩌면 습관적으로 카메라를 들었을 것이다. 마치 의무인 것처럼 찍은 기록들이 떠난 반려동물의 자리를 대체하기도 한다. 새끼였던 반려동물이 나이를 먹어 세상을 떠나는 사이 기록은 평생의 한순간을 포착하여 영원히 기억한다.

한 보호자는 떠난 반려동물의 사진과 영상을 찍어 놓은 휴대폰을 분실했을 때 정말 모든 게 끝나 버리는 것 같았다고 고백했다. 다른 기기로 백업을 해 놓지 않은 상태에서 분실하는 바람에 반려동물의 모든 기록이 사라져 버린 것처럼 느껴졌다고 했다.

처음에는 자책과 함께 죄책감이 들었고, 조금 지나자 영원히 기억하겠다고 말한 약속을 행여 못 지킬까 봐 겁이 났다고 했다. 사람의 기억은 불완전하여 명백한 기록에 기대지 않는 이상 온전한 기억을 소환할 수 없다는 보호자는 자신의 기억 속에서 반려동물의 모습이 서서히 지워지지 않을까 몹시 두렵다고 했다.

그래서 반려동물의 기록은 필수이지만, 자칫 유실될 수 있는 여지까지 고려하여 대비해야 한다. 최근에는 반려동물의 기록뿐만 아니라 반려동물과 꼭 닮은 인형을 제작하거나 캐릭터로 굿즈로 제작해 간직하는 보호자도 있다. 또한 반려동물과의 추억을 에세이로 쓰거나 웹툰으로 제작해 연재하는 보호자도 있다.

일상에서의 기록은 반려동물이 떠난 직후 추모의 의미를 가질 수밖에 없다. 하지만 점점 그 의미가 추모만을 위한 기록이 되어 버리면 곤란하다. 어느 시점부터는 추억의 기능을 담당하도록 전환되어야 한다. 가령 반려동물이 남긴 기록이나 물품을 마주할 때마다 보호자 입장에서 슬픔의 잔상이 어른거린다면 역효과가 될 수도 있다.

중요한 것은 반려동물과의 그 어떤 추억이라도 남겨 두는 것만으로, 오래오래 잊지 않고 기억할 수 있는 밑바탕이 된다.

같은 아픔을 겪어낸 사람들

단지 반려동물을 떠나보냈다는 공통점만으로 서로의 아픔을 다 이해하고, 서로에게 위로가 되어 주지는 못한다. 나는 하루에 10회 이상 장례를 진행하고 있다. 그러다 보니 같은 원인으로 사망하는 반려동물은 그리 많지 않다는 걸 알게 되었다.

노령에 의한 자연사, 산책 중에 발생한 사고사, 스케일링을 위한 마취 중 끝내 깨어나지 못한 의료사, 집중 치료 중 스트레스로 인한 쇼크사, 위급한 수술 도중 발생한 테이블 데스 등 제각기 다른 이유로 우리는 반려동물과 이별하게 된다.

이렇게 천차만별인 사망 사유에는 보호자의 실수나 잘못으로 인한 것도 있고, 불가항력으로 발생한 사망 사례도 있다. 그러다 보니 반려동물의 죽음과 보호자의 아픔은 각각 분리해 생각해야 한다.

가령 의료사로 숨을 거둔 반려동물과 자연사로 숨을 거둔 반려동물 각각의 보호자 사이에는 반려동물을 잃었다는 상실감 외에 슬픔의 기준이나 원망의 대상이 다를 것이다.

반대로 사고사로 반려동물을 잃은 보호자들 사이에서는 사고 순간의 기억이 평생을 따라다닐 테고 그런 부분에 대한 자신들의 생각을 좀 더 수월히 공유할 수 있을 것이다. 고로 그들만이 동감할 수 있는 이야기와 정서를 주고받는 사이 서로가 서로에게 위로가 될 수 있을 거라 생각한다.

충분한 애도, 또는 시간

보호자마다 반려동물을 애도하는 기간은 각기 다르다. 2년째 애도의 시간을 보내고 있는 보호자는 매주 한 주도 빠지지 않고 납골당을 방문한다. 집이 가까운 것도 아닌데 반려동물을 보내고 2년이라는 시간을 납골당을 오가면서 보낸 것이다. 보호자는 처음 추모하는 마음으로 납골당을 방문하기 시작했는데 어느 순간 점점 자신의 반려동물이 추억이 되는 것이 두려워졌다고 했다. 납골당을 방문할 수 없는 나머지 6일간 순간순간 찾아오는 슬픔이 견디기 힘들다고 했다. 그렇게 보호자는 2년을 보냈고, 앞으로 더 많은 세월을 또다시 보낼 것이다.

물론 마냥 길어야 한다는 말은 아니다. 사람마다 사정이 있고 애도 방법 역시 전부 다르다. 반려동물의 유골함은 집에서 눈에 잘 띄는 곳에 두거나 장례식장에 마련된 납골당에 안치하는데, 보호자의 선택에 의한 차이일 뿐이지 무엇이 더 낫다고 말하기는 어렵다.

다만 납골당에 안치한 보호자 중, 집 안에 유골을 두는 것 자체를 불경하게 여기는 가족이 있어서 피치 못하게 납골당에 안치하고 정기적으로 방문하는 경우가 생각 외로 많은 편이다. 평생 갑갑했을 집보다는 햇볕도 잘 들고 친구들도 많은 납골당에 자리를 마련해 주려고 하는 보호자도 많다.

사실 집이든 납골당이든 항상 마음을 두고 오가거나 인사할 수만 있다면 유골을 어디에 두든 별문제는 없다. 주말이나 휴일이면 장례식 참석 가족도 많지만, 납골당 방문 가족들도 상당하다. 시종 슬픔 가득한 표정으로 도착했다면 예정된 장례식에 참석하기 위해 방문한 사람들이고, 반대로 가벼운 표정으로 도착했다면 납골당에 방문한 사람들이다. 납골당에 자주 방문하는 보호자는 금방 익숙해져서 쉽게 알아볼 수 있지만, 종종 방문하는 보호자는 위와 같이 구분하는 편이다.

어느 날 이제 막 두 돌이 된 것처럼 보이는 여자아이와 함께 부부 한 쌍이 방문했다. 아이는 워낙 자주 와서인지 소풍이라도 온 듯 작은 가방을 둘러메고 입구에서부터 특유의 발랄함을 온 건물에 퍼트리기 시작했다. 세 식구는 곧장 위층에 마련된 납골당으로 올라가 고정 좌석이 있는 것처럼 본인들의 자리를 찾아갔다. 1년 전 세상을 떠난 강아지의 유골함 앞이었다. 아빠가 아이의 작은 가방에서 간식을 꺼내는 사이, 엄마는 유골함 앞에 꾸며진 사진과 전에 두고 간 간식을 바꿔 주었다. 아이는 유골함 쪽을 손가락으로 가리키며 "멍뭉"이라고 말했고 부부는 뭐가 그리 좋은지 아이와 유골함을 번갈아 보며 대화를 주고받았다. 세 사람은 한 시간을 그렇게 앉아 있다가 갔다. 아마 곧 다시 올 것이고 아이는 지금보다 더 자라 있을 것이다.

펫로스증후군, 그리고 그 후

최근 사회 문제로까지 대두되고 있는 펫로스증후군 관련 연구가 활발하게 진행되고 있다. 하지만 이를 완벽히 극복했다는 사례는 들어본 적이 없다.

외상으로 확인할 수 있는 질병이 아니다 보니 철저히 개인의 경험과 후기에 기댈 수밖에 없다. 본인이 펫로스증후군을 겪었고 어떠한 노력 덕분에 새 삶을 찾았으며 이제 완벽하게 회복했다고 말한다면 아무도 반박할 수 없을 것이다. 반대로 펫로스증후군으로 인해 자신의 삶이 망가졌다고 말해도 마찬가지이다. 그렇기에 본인 자신이 아닌 타인의 판단을 맹신하여 펫로스증후군에 대해 가볍게, 혹은 무겁게 생각하면 안 된다.

이와 별개로 우리가 주목해야 할 점은 펫로스증후군에 어떻게 대처하고 마음이 덜 다칠 수 있는 방법은 무엇인가에 대한 부분이다. 반려동물을 잃은 후 겪은 펫로스증후군을 잘 극복했다는 것이 완전한 치유를 의미하는 것은 아니다. 반려동물을 잊지 않기로 다짐한 순간 펫로스증후군은 작게든, 크게든 보호자의 마음을 장악하기 때문이다.

한편으로 펫로스증후군을 다 떨쳐 버린다는 것은 말이 안 된다고도 생각한다. 하나의 가족 구성원이 세상을 떠났는데, 어떻게 다시 아무렇지 않아진다는 걸까. 결국 펫로스를 인정하고 조금 덜 아프기 위해 준비하고 헤쳐 나가기로 마음먹는 편이 더 낫다.

몇 해 전 리트리버 키키의 보호자는 왕복 네 시간이 넘는 거리를 1년 동안 매일 오갔다. 매일 30분 동안 납골당에 잠들어 있는 키키를 만나고 매번 눈물을 훔치면서 도망가듯 돌아갔던 보호자였다. 그렇게 1년이 지나고 2년째가 다 되어 가던 어느 날, 그 보호자는 내게 문득 말을 걸어 고백 아닌 고백을 했다.

"저, 여기 맨날 운전하면서 오잖아요. 요 앞에 큰 도로랑 합쳐지는 데가 있는데, 몇 달 전부터 거기 지날 때마다 누렁이 한 마리랑 꼭 마주치더라고요. 그래서 몇 번은 차에서 내려 우리 키키한테 갖다 주려던 간식 좀 주고 그랬지요. 근데 아무리 봐도 꾀죄죄하고 갈비뼈가 도드라진 게 주인이 없어 보이더라고. 그래서 내일도 만나면 일단 구조하자고 맘먹었는데, 역시 있더라고요."

보호자는 그 누렁이를 구조해 임시보호를 했고 며칠, 몇 주가 지나고 몇 달이 지났지만 다른 데 입양을 보낼 수 없어서 그 아이를 정식으로 입양했다고 내게 고백했다. 그러면서 키키가 소개해 준 아이인 것 같다고, 자길 보내고 매일 찾아와 슬퍼하는 보호자에게 더 이상 슬퍼 말라며 자기와 연결해 준 것 같다고 말했다.

그렇게 내게 속마음을 털어놓았던 보호자는 며칠 후, 이제 새 식구가 된 누렁이를 데리고 납골당에 찾아왔다. 키키의 유골함 앞에서 누렁이에게 형이라며 인사시키던 보호자는 미안하다며 울음을 참지 못하였다.

먼저 떠난 반려견을 잊지 못하고 매일 납골당을 찾는 보호자가 유기견을 입양하면서 펫로스증후군을 극복했다고는 볼 수 없다. 그러나 키키에게 못다 했던 사랑을 유기견 누렁이에게 돌려주고 싶다고 말하는 보호자의 말에 진한 감동과 함께 깊은 존경심을 느꼈다. 보호자는 누렁이를 긴 시간 혼자 둘 수 없어 이전보다는 방문 횟수가 많이 줄었지만 지금도 꾸준히 방문하여 키키와 생전에 다 못 썼던 시간을 함께 보내고 돌아간다.

일상으로
한 발자국

남은 아이에게 최선을

집 안에 남은 반려동물이 있다면 일단 그 아이에게 최선을 다해야 한다. 먼저 보낸 반려동물과 이별한 것은 보호자와 가족만이 아니다. 어쩌면 보호자보다 훨씬 더 많은 시간을 보내고 비교할 수 없을 정도로 많은 교감을 해 왔던 형제 반려동물에게는 어느 날 갑자기 형제가 사라진 것과 같다. 분명 보호자만큼, 어쩌면 더 큰 충격을 받을 것이다.

심지어 장례 후 달라진 집 안 공기와 환경은 남은 반려동물에게 큰

스트레스로 전해질 확률이 매우 높다. 평소와 다름없이 행동한다는 게 쉽지는 않겠지만 보호자로서는 적어도 집 안에서만큼은 최대한 평소대로 생활하면서 남은 반려동물을 안심시키는 게 우선이다. 먼저 떠난 반려동물의 빈자리를 보호자의 배려와 관심, 그리고 노력으로 채워야 한다. 그러려면 보호자가 건강해야 하고 심리적으로도 강인해질 필요가 있다.

실제로 보호자가 심각한 펫로스증후군을 앓고 일상생활이 불가할 정도로 위태로운 상태에서 혼자 남은 반려동물을 잘 보살피지 못하는 상황이 종종 발생한다. 심할 경우 그 아이마저 곧 하늘로 떠나보내는 일도 있다.

보호자는 반려동물의 죽음으로 인해 세상이 무너진 것 같겠지만, 우선 자신의 건강 상태와 심리 상태를 평상시로 복구하는 것이 가장 중요하다. 비록 비탄에 빠진 마음으로 아무렇지 않은 듯 일상으로 돌아오는 일이 쉽지는 않겠지만 적어도 집 안에서 영문도 모른 채 먼 길을 떠난 형제를 하염없이 기다리는 반려동물이 있다는 사실을 기억해야 한다.

물론 남은 반려동물에게 다시 최선을 다해야 한다는 부담도 있고 어쩌면 이토록 견디기 힘든 일을 언젠가 다시 겪어야 한다는 사실이 쉽게 납득되지 않을 것이다. 하지만 달리 생각하면 먼저 떠나보낸 아이에게 못 해줘서 미안한 마음만큼 남은 아이에게 보다 완전한 행복을 만들어 줄 수 있는 기회가 주어졌다고 생각해 보자.

혼자 남은 반려동물이야말로 지금 이 순간에만 만지고 보고 느낄 수 있는 유일무이한 존재다.

새로운 아이는 신중하게

푸들 밍키의 보호자가 상담을 요청한 적이 있었다. 사실 그 날은 내가 상담해 줄 만한 대화가 오갔다기보다 보호자 자신의 솔직한 심경을 내게 털어놓는 자리였는데, 보호자의 이야기를 듣는 내내 난 표정 관리가 안 되었다.

납골당에 안치된 밍키를 만나기 위해 보호자는 6개월간 거의 매일 찾아왔다. 때론 슬퍼하기도 하고 때론 밍키와 많은 대화를 주고받기도 했다. 심지어 밍키의 생일에는 케이크를 사와 밍키의 유골함 앞에 생일상을 차려 주기도 했다. 함께 안치된 다른 친구들이 밍키를 부러워할 것만 같았다. 그 정도로 보호자는 밍키에게 온 정성을 다했다.

그러다가 6개월이 지나면서 보호자의 방문 횟수가 급격히 줄기 시작했다. 일주일에 한 번, 한 달에 한 번, 두 달 만에 한 번⋯⋯. 무슨 사정이 생긴 것인지 걱정이 돼서 연락했지만 보호자에게 연락이 닿지 않았다. 그리고 마지막 방문 후 석 달이 지났을 때 보호자로부터 전화를 받았다. 내게 상담이 가능한지 묻는 전화였고 나는 흔쾌히 그러자고 했다. 그렇게 시작된 상담이었다.

"6개월인가 전부터 유기동물 보호센터로 봉사를 다녔어요. 아시겠지만, 밍키도 좋은 곳에 잘 있고 이제 좀 마음을 놓고 불쌍한 애들을 좋은 마음으로 돕고 싶었거든요. 그런데 거기 센터에서 밍키와 똑 닮은 아이를 만난 거예요. 고민할 이유가 없었어요. 입양하기로 했죠."

문제는 여기서부터 시작되었다. 보호자는 새로 입양한 유기견에게 밍키라고 이름을 붙여 주면서 생전 밍키를 대했던 방식과 똑같이 대했다고 한다. 마치 밍키가 살아 돌아온 것처럼. 자신이 밍키를 잊지 못하는 마음을 하늘이 알고 새로운 밍키를 보내 준 것 같다고 했다.

하지만 문제는 생각보다 훨씬 심각했다. 모습이 비슷하고 같은 이름을 붙였다고 해서 새로 입양한 아이가 당연히 그 전 반려견과 똑같아지는 건 아니었다. 원래의 밍키처럼 말을 잘 듣지도 않고 습관이나 행동도 전혀 달라 점점 마음에 들지 않기 시작했다고 했다.

그래서 보호자는 밍키를 닮아 입양했던 유기견을 다시 파양했다고 한다. 나는 그 순간 어떤 표정으로 어떤 목소리로 반응을 해야 할지 몰라 머릿속이 고장 난 것 같았다. 잠시 멍한 상태로 바라본 보호자의 얼굴은 눈물로 범벅이 되고 있었다. 나는 그 눈물의 의미가 죄책감인 줄 알았다. 적어도 사람이라면 그래야 했다.

"걔 때문에 우리 밍키가 더 보고 싶어졌어요. 괜히 데려왔어요. 우리 밍키만 한 아이는 이 세상에 없는데……."

납득하기 어려운 말들이 내 귀에 흘러 들어오고 있었다. 나는 무엇을 어떻게 해야 할까. 그 짧은 순간 무기력과 분노와 허망함과 회의감이 서로에게 지지 않으려는 듯 내 가슴 한구석을 휘젓고 다녔다. 그럴 만한 이유가 있었다고 합리화하면서 납골당으로 밍키를 보러 다시 오겠다는 말에 나는 아무런 대꾸를 하지 못했다.

무엇보다 파양당한 그 아이가 너무 걱정되었다. 이미 한 번 버려진 아이에게 누군가를 대체하게 강요하고 새로운 환경에 적응하기도 전에 다시 버렸다는 것은 일종의 폭력이라고 생각한다. 과연 그 아이는 그 보호자에게 입양을 가고 싶었을까. 오히려 더 좋은 집으로 입양 갈 기회를 박탈당한 건 아닐까. 나는 더 이상 보호자의 사정이 전혀 궁금하지 않았다. 그리고 기어코 한마디를 건네고 싶었다.

"보호자님께서는 파양한 아이에게 지울 수 없는 상처를 준 것이고 요, 그렇게 사랑한다고 하신 밍키도 배신감을 느낄 겁니다."

더 이상 면담을 이어갈 수 없었다. 보호자는 그 후로 다시는 오지 않았다. 자신이 그렇게 사랑한다고 했던 밍키도 버린 셈이다.

반려동물과의 이별 후 의도적으로 닮은 반려동물을 입양해 위로를 받겠다는 생각은 이처럼 위험한 상황을 초래할 수 있다. 물론 어느 정도 시간이 흐르고 하늘로 보낸 반려동물을 평생 잊지 않겠다는 다 짐을 어떠한 상황에서도 지킬 수 있다면, 못다 한 사랑을 새 반려동 물에게 베풀어 준다는 전제가 있다면 동의할 수 있다.

무엇보다 새로운 반려동물과의 인연은 새롭게 시작해야 한다. 이 전 반려동물의 자리를 메우기 위해 비교 대상이 되어서는 안 되는 존 재다. 그 아이를 통해 위로받으려고 해서는 안 된다. 이별한 반려동 물을 잘 추억하고 새로운 반려동물에게 최선을 다한다면 각각 따로 존재했던 아이들이 마음속에서만큼은 공존할 수 있을 것이다.

반려동물장례지도사로서

반려동물장례지도사의
이야기

인생은 선택과 후회의 연속이란 말처럼 어떠한 선택을 하든지 훗날 후회가 남는다. 다만, 그 후회의 정도에는 분명히 차이가 있다. 그래서 여러 선택지 중에서 후회가 덜 남는 선택을 하는 것이야말로 현명한 선택일 수 있다.

반려동물과의 생활이 시작되면 보호자는 수많은 선택의 기로에 놓인다. 사료는 어떤 것을 먹일지, 장난감은 어떤 게 좋을지, 산책은 언제 어디로 나가는 게 좋을지, 병원은 어디가 좋을지……. 반려동물의 의사를 물어볼 수가 없기 때문에 대부분 보호자 스스로 결정하고 거기에 책임도 따른다. 아무리 함께 생활한 시간이 오래되었다해도 아이의 행동으로 그 의사를 명확히 간파해 내기란 쉽지 않다. 그러므로 자신이 일방적으로 결정한 순간들이 훗날 예고 없이 떠오르기도 한다. 그래서일까, 보호자들이 아이의 마지막 순간을 마주했을 때 '미안해'라는 말을 가장 많이 건네는 것일지도 모른다.

나는 현직 반려동물장례지도사이다. 현재 근무하는 곳 이전까지 흔히 말하는 동물 화장터에서 이 일을 시작했다. 이후 다른 동물 장례식장에서도 일을 하면서 지금까지 약 9년간 우리나라의 반려동물 장례 서비스의 현실과 변화를 누구보다 가까운 곳에서 체감하고 있다.

처음 이 일을 시작한 계기는 단순했다. 작은 사업을 하면서 쳇바퀴 돌 듯 순탄한 삶을 살고 있을 때, 누구나 한 번쯤 할 만한 고민에 빠졌다. 내가 가장 하고 싶은 일을 하면서 살아야 한다는 결론에 다다르자, 그럼 과연 나는 무엇을 하고 싶은 걸까, 라는 고민을 확장해 나갔다.

그렇게 반려동물장례지도사의 길로 들어섰다. 당시에는 '반려동물'이라는 말보다 '애완동물'이라는 말을 많이 사용하던 때였다. 당연히 동물병원이나 애완동물 분양숍을 제외하고 지금처럼 관련 업종의 수가 많지 않았다. 나 역시 아무것도 몰랐다. 무작정 '강아지 장례'를 검색하기 시작했다.

'동물도 생을 다하면 장례라는 것을 치러 주지 않을까?'

돌이켜보면 굉장히 가볍게 생각했고 많이 부끄럽다. 그렇게 그 당시 우리나라에서 운영되고 있던 동물장묘시설을 모조리 찾아보았다. 총 열한 곳이었지만 정상적으로 운영하는 곳은 여덟 곳밖에 없었다. 그마저도 장례식장이 아닌 동물화장터 수준의 시설이었다.

어떻게든 열심히 하면 내가 생각했던 장례 기술을 배울 수 있을 것이라는 바람으로 무작정 화장터에서 일을 시작했다. 하지만 결과는 참혹했다. 아무 절차도 격식도 없이 동물 사체를 소각하기 위한 시설이었기 때문이다.

그래도 이 일을 꿋꿋이 하고 있으면 언젠가 내가 바라던 장례지도사의 길을 갈 수 있을 것이라는 생각으로 포기하지 않았다. 그렇게 짧지 않은 시간 동안 장례지도사라기보다 동물 화장을 주된 업무로 삼았었다.

일을 하면서 나는 동물이 마지막까지 존중받을 수 있는 방법을 줄곧 고민하고 실현하기 위해 노력했다. 이후 우리나라보다 반려동물에 대한 인식과 그에 따른 문화가 발달한 일본으로 건너갔다. 그때 현지 동물장례식장 몇 곳을 방문하면서 큰 충격을 받았다. 이렇게 가까운 곳에 이토록 다른 문화와 시설이 자리 잡고 있다는 점이 날 놀라게 했다. 물론 문화적으로, 사회적으로 반려동물을 대하는 상식과 정서의 차이는 컸다.

'어떻게 하면 동물 장례를 이렇게까지 치를 수 있지?'

그만큼 고귀하고 엄숙하게 반려동물의 마지막을 지켜주고 위로하는 장례문화가 보편화되어 있었다. 흔히 '문화 충격'을 받았다고 말할 수 있을 정도의 수준이었다. 국내에서 동물 화장을 주로 해 왔던 나로서는 일본의 반려동물장례지도사를 보면서 전문적인 장례지도사의 모습이 경이로워 보였다. 그도 그럴 것이, 그들은 보호자에게 반려동물을 인계받는 순간부터 사소한 것 하나하나까지 아주 조심스럽게 절차를 진행하고, 수습 시 최소한으로만 사체를 만짐으로써 오염이나 훼손에 대한 부분을 봉쇄하고자 했다. 무엇보다 절차에 대해서는 한 부분 한 부분 보호자에게 세세히 설명하고 있었다.

솔직히 많이 놀랐고 당황스럽기도 했다. 그 당시 국내의 동물 화장문화와는 상당히 대조적이어서 순간 현실감이 들지 않았을 정도였다. 그리고 나는 내가 당장 해야 할 일이 무엇인지 알게 되었다. 나는 한국에 돌아와 전국의 모든 동물장묘업체에 편지를 쓰기 시작했다. 편지 내용의 요점은 반려동물이 존중받는 장례식장에서 근무하고 싶다는 것이었다.

막무가내였지만 절실함을 담았고, 당시 아주 많이 부족했던 국내 동물장묘시설을 봤을 때 일본만큼은 힘들겠지만, 그만큼 발전 가능성도 높을 것이라고 예상했다. 무엇보다 일본의 반려동물 장례문화를 체감하고 와서인지 어느 부분을 어떻게 노력해야 할지 작은 여지가 보이기 시작했다. 동물에 대한 제대로 된 인식이 바탕이 된 곳이라면 낙후된 시설이나 단선적인 기술은 나중에라도 보강할 수 있는 부분이다. 그래서 내게 있어 근무 여건은 문제가 되지 않았다.

그중 한 곳에서 연락이 왔다. 충청남도 예산에 위치한 곳이었다. 기술은 둘째 치고 반려동물의 마지막을 존중해 줄 수 있는 곳이라면 어디든 좋았다. 나의 가치관과 어느 정도 부합할 수 있는 곳이었기 때문이다. 당시 인천에서 예산까지 매일 새벽 5시에 일어나 두 시간씩 운전하며 출퇴근을 했다. 퇴근 시각 역시 밤 10시를 넘기는 일은 다반사였다.

주변 사람들은 모두 미쳤다고 했다. 그래도 나는 그곳에서 생을 마감한 동물을 존중하는 법을 배우고 실천할 수 있었다. 그러면 됐다, 싶었다. 나 개인으로서는 신체적으로나, 정신적으로나 무척 힘든 시간이었다. 하지만 내가 선택한 일을 하면서 처음으로 보람과 사명감을 느낄 수 있었다. 물론 하루하루가 슬플 수밖에 없는 일이고 여러 가지로 힘들기도 했지만 당시 나는 이루 말할 수 없는 성취감 덕분에 보다 빠르게 발전하고 있었다. 돌아보니 그랬다. 그도 그럴 것이 장례식장에서 직접 아이들의 사체를 수습하다 보면 더하면 더했지, 내가 맡은 일을 결코 소홀히 할 수 없다. 매일 무겁고 슬픈 감정을 갖고 일해야 해서 때론 그런 부분이 힘들었지만 앞으로 내가 개척해 나갈 반려동물 장례문화를 위해서는 더더욱 노력할 수밖에 없었다.

그렇게 시간이 흘러 나는 현재 직장인 반려동물장례식장에서 장례 총괄 실무 일을 맡고 있다. 첫 회의 때 나는 사실상 이 곳이 제로베이스에서 시작했지만 앞으로 최고치까지의 비어 있는 부분을 채울 수 있어야 반려동물과 보호자들에게 충분히 보답할 수 있을 것이라고 말한 적이 있다. 실제로 몇 년 사이 반려동물의 건강한 장례 문화를 장려해 나가면서, 추모음악회, 반려동물을 위한 캠페인, 유기동물을 위한 나눔 등 다양한 활동을 통해 반려동물과 보호자들에게 했던 약속을 실천했다. 결코 나 혼자만의 실천이 아니었다. 다행인 것은 내가 속한 곳은 단순한 동물장례 산업의 목적에 국한되지 않고, 펫로스 문화의 철학이 담긴 곳이라는 점이었다. 그리고 함께 근무하고 있는 동료 지도사들의 올바른 사명감과 그 헌신으로 인하여 지금부터가 더 기대되는 곳이기도 하다.

그사이 국내 반려동물 문화가 급속도로 발전하면서 관련 산업 역시 폭발적으로 성장했다. 이에 따라 폭발적으로 증가하고 있는 반려동물 장례의 수요가 반려동물장례지도사 입장에서는 체력적, 정신적으로 힘에 부치기도 한다.

그러나 반대로 생각해 보면 그만큼 우리나라의 반려동물 장례문화가 국민들에게 상식적이고 당연하게 받아들여지고 있다는 의미이다. 거기에 나와 동료 장례지도사들의 노력이 조금이나마 보탬이 되었다고 생각하면 큰 보람이 느껴진다.

지금 이 순간에도 반려동물의 사후를 존중해 주고 그 가족들이 만족할 만큼 엄중한 장례식을 진행하는 것이 매일매일 나의 목표이다. 반려동물의 마지막을 지켜 줄 수 있는 사람인 반려동물장례지도사는 매우 매력적이면서도 엄청난 책임감이 따른다. 그래서 눈에 보이는 격식뿐만 아니라 그 과정에서 주고받는 대화와 행동들까지도 최대한 아이들의 추모를 우선할 수 있도록 노력 중이다.

반려동물장례식장 역시 엄연한 사업체이다. 그러다 보니 영리를 추구하는 것이 우선이다. 그럼에도 쉽지 않겠지만 장례지도사를 중심으로 선진화된 장례 및 추모 문화를 위해 조금씩 바꿔 나가고 있다. 아직은 먼 이야기지만, 반려가정과 비반려인의 경계 없이 누구나 반려동물의 마지막을 추모할 수 있는 정서가 만들어지도록 노력 중이다. 이러한 변화는 반려가정과 비반려인 사이의 간극을 조금이라도 메꾸는 데 작지 않은 작용을 할 것이다.

　반려동물 관련 산업은 계속해서 성장하고 있고, 그 속도는 정말 빠르다. 1년에 한두 번 열릴까 말까 했던 펫 박람회는 거의 매달 전국 각지에서 이름만 바뀐 채 연속적으로 열리고 있다. 이렇게 폭발적인 성장세라면 분명 우리가 놓치는 부분이 있을 것이고, 이를 악용한 사례도 분명 발생할 것이다. 이것은 동물장묘업도 예외가 아니다. 아이들의 사체가 생활폐기물로 적용되어 있는 현재 법규가 수정되지 않는 이상 이를 교묘히 악용하는 업체가 난립할 수 있기 때문이다. 우리가 당연하다고 여기는 기초 법안부터 수정되지 않으면 산업이 발전해도 사회는 퇴보할 수밖에 없다. 이 변화는 법안 수정 및 제정 이전에 사회적인 통념 안에서 먼저 시행되어야 한다. 국민 다수가 인정하지 않는 움직임은 사회가 허용하지 않기 때문이다.

　'아이들이 행복한 나라'
　'노인이 살기 편한 나라'

　온갖 희망적인 어휘로 조합된 이 슬로건의 실현은 국가에서 만든 법과 수행하는 복지 수준에 따라 가능해질 것이다.

'동물과 함께 사는 나라'

이 슬로건 역시 마찬가지다. 주체만 바뀌었을 뿐이다. 이제는 바뀌어 나갈 때다. 동정심이나 형평성을 바탕으로 이해를 구걸하는 단계에서 벗어나야 한다. 구시대의 논리가 적용된 법은 수정되어야 하고, 현 시대의 고민을 대변할 수 있는 법이 제정되어야 한다.

생명에 대한 존중이 우선하는 강력한 법이 이 사회에 작용할 수 있다면 아동이 학대당하지 않거나 버려지지 않을 권리가 있듯, 동물역시 학대당하거나 유기되지 않을 것이다.

결국 동물을 대상으로 하는 복지보다 동물과 함께 살아가는 사람을 대상으로 하는 복지가 필요한 시점이다. 그리고 그 복지의 영향력은 동물의 사후까지 책임질 수 있어야 한다.

반려동물장례지도사의
길

반려동물장례지도사는 사람들이 선망하는 직업은 아니다. 오히려 생소한 직업 중 하나이다. 가령 누군가 내 직업이 무엇인지 묻는다면, 대부분 소개를 원할 테니, 나 역시 알기 쉽게 설명을 덧붙인다. 조심스럽게 무슨 일을 하는 직업인지 묻는다면 다행이다. 왜 그런 일을 하냐는 면박 아닌 면박을 주는 이도 있다. 정말 많이 나아졌지만, 아직까지 우리가 흔히 장의사라 부르는 전문 장례지도사에 대한 인식도 좋지 않은 상황에서 '동물 장의사'로 받아들여지는 직업은 그리 유쾌한 인상을 주지 못하는 형편이다.

반려동물장례지도사에 대하여 가족이나 지인들을 납득시키는 과

정도 만만치 않다. 분명 다들 우리 사회에 꼭 필요한 직업이라고 생각하지만, 당장 내 가족이나 친구가 그 일을 업으로 삼는다고 했을 때 생각보다 많은 이들이 의문을 품는다. 물론 그들의 잘못은 아니다. 아직 사회적으로 동물 장례문화에 대한 인식이 정착되지 않았기 때문이다.

반면 반려동물장례지도사에 대해 좀 더 알고 싶어 하는 사람들도 많다. 아직 생소한 직업군에 속하고 직무의 미래 지향성이나 환경을 고려했을 때 점점 많아질 직종이다 보니 이 일을 조금 배우기만 하면 돈을 벌 수 있다고 생각하는 사람들이 적지 않은 편이다. 최근 몇 년간 관련 학과를 졸업한 친구들이나, 제2, 제3의 직업을 생각하고 이 일을 하고자 하는 이들도 꽤 많다. 아니, 확실히 늘고 있다. 하지만 자부심과 진심을 갖고 일을 하는 직업일지라도 분명 고난이 있고 부침이 있어서 쉽게 생각하고 시작한 이들은 마음에 상처를 입고 몸과 마음이 지쳐 그만두는 경우도 많다.

무엇보다 반려동물장례지도사를 본업으로 생각하는 사람이라면 평균치 이상의 도덕성과 정직함, 그리고 사명감을 기본으로 갖춰야 한다고 생각한다. 그렇다고 내가 티끌만큼의 흠이 없다는 것은 아니다. 보호자는 담당 장례지도사에게 평생 동안 소중하게 품고 있던 아이를 전부 맡기는 셈이다. 그렇다면 장례지도사로서 그 마음을 모두 받아 아이의 마지막 길을 잘 인도해야 한다. 그 과정, 그 시간만 큼은 온전히 그들의 마음이 섞일 수 있도록 간절히 기도하고 도와야 한다. 그래서 자칫 허술한 마음으로, 단지 일이라 생각하고 장례 절 차를 진행하게 된다면, 보호자와 아이 간의 마지막 인사 기회를 망칠 수 있다.

반려동물장례지도사의 생활은 일반 직장인의 생활과는 조금 다르다. 365일 24시간 대기해야 하는 생활이 연속된다. 잠을 자다가도, 씻다가도, 식사하다가도, 상담 전화가 오면 무조건 받아야 한다. 그렇다는 것은 휴대폰을 항상 지니고 있어야 한다는 것이고, 당연히 대중목욕탕이나 영화관 같은 곳은 가기가 쉽지 않다. 물론 이러한 생활은 나처럼 전체 장례를 총괄하는 직무일 경우에 해당한다. 무엇보다 매일 각기 다른 죽음을 겪고 일상으로 돌아가야 하는 생활을 반복한다는 것은 생각보다 쉽지 않다.

당연히 실력이라는 것도 존재한다. 염습이나 화장 등 기술적인 부분이야 시간이 지나고 경험이 축적되면 인정받을 정도로 늘 수밖에 없다. 하지만 무엇보다 진정성 있게 보호자나 유가족의 이야기를 들어주고 세심한 부분 하나까지 챙길 수 있으려면 일을 떠나 함께 슬픔을 나눌 수 있어야 한다. 그러면 아무리 바쁘고 힘들어도 장례 한 차례를 치를 때마다 보람을 느끼고 자부심을 가질 것이다.

반려동물장례지도사에게 친절하고 선한 이미지는 기본이다. 그리고 성실함과 도덕성은 자연스럽게 풍겨 나와야 한다. 서비스직에서나 필요할 법한 요건이라 생각하겠지만, 장례도 일종의 서비스이다. 보호자는 비용을 지불하고 장례 서비스를 제공받는다. 그렇다면 거기에 맞춘 서비스를 제공해야 한다.

반려동물장례지도사는 보호자나 유가족에게 "안 됩니다, 못 합니다, 어렵습니다."라는 말을 하지 못한다. 그 어떤 상황에서도 지양해야 하며, 생색 역시 내선 안 된다. 보호자나 유가족이 담당 장례지도사에게서 그런 모습을 보게 된다면 불안하거나 부담스러울 수 있기 때문이다. 제대로 된 서비스를 제공받지 못했다는 불평은 차치하고, 내 아이의 주검이 훼손되거나 알맞지 않은 절차로 인해 장례의 의미가 퇴색될지도 모른다는 불안함을 느낄 것이다.

그러한 불안 요소를 줄이기 위해서는 장례 진행 시 상황 파악 및 상황 수습이 능숙해야 하며, 돌발 요소는 즉각 처리해야 한다. 당연히 지도사로서의 축적된 경험과 본인의 노력이 그 바탕이 될 것이다. 그만큼 요원한 반려동물장례지도사는 묵묵히 긴 시간을 수련해야 한다.

아이는 염습 후 입관까지 준비되었을 때 단잠에 빠진 듯 편안하게 보여야 한다. 수의를 가지런히 입고 곤히 자고 있는 모습은 보호자가 아이의 사망 후 처음 마주하는 모습이자, 마지막으로 기억해야 할 장면이기 때문이다. 그래서 장례지도사는 담당 아이의 모든 의전절차에 대해 막중한 책임감을 가져야 한다.

장례지도사는 보호자의 사정과 형편을 고려해야 한다. 보호자는 당연히 최고로 좋은 장례식을 치러주고 싶어 한다. 하지만 모두가 그러한 결정을 내리기는 어렵다. 그렇다면 지도사가 먼저 부담스럽지 않은 수준의 장례를 권해야 한다. 무조건 비싸거나 특전이 있는 장례를 권하는 것은 좋지 않다. 장례지도사는 항상 올바른 반려동물 장례문화에 기여한다는 사명감을 가지고, 장사꾼이 되어서는 안 된다. 모든 보호자들이 차별 없이 장례를 치를 수 있도록 세심하게 챙겨야 한다.

낯설지만 이로운
장례문화

고양이 역장의 장례식

휴가 때마다 나는 일본에 간다. 순전히 가족 여행이나 관광을 위해 고려한 행선지였다면 굳이 일본을 택하지 않았을 것이다. 공식적으로는 휴가지만 내겐 출장의 기회가 되기도 한다. 특히 몇 해 전 직접 경험하고 공부할 수 있었던, 일본의 반려동물 장례문화는 지금까지 내가 반려동물장례지도사로 활동할 수 있게 한 자양분이었다.

동물 문화의 선진국이라고 할 수 있는 일본의 반려동물 수는 약 2,000만 개체로, 그 수가 어느덧 일본 내 어린이의 수를 넘어섰다.

'동물애호주간動物愛護週間'이라고 해서 매년 9월에는 반려동물의 권리를 위한 주제로 전국 각지에서 크고 작은 행사가 열린다. 무엇보다 이 주간은 국가 시행법으로 제정되어 있고, 무려 70년이 넘었다.

우리의 관점에서 보면 굉장히 낯선 풍경일 수 있지만, 나는 상당히 부러웠다. 일본의 이런 국가 차원의 활동과 관심이야말로 반려동물이 살기 좋은, 적어도 억울한 학대를 당할 확률이 적은 나라로 기능하고, 나아가 선진화된 반려문화를 정착시킬 수 있는 원동력이라고 생각한다.

다양한 종교가 뒤섞인 일본에서는 결혼, 출생, 장례까지 인간의 대소사를 절, 교회, 성당 등 종교 시설에서 치른다. 종교 시설 자체를 사회 문화적 시설로 여기기 때문이다. 이는 곧, 반려동물 장례문화와도 연결된다.

2020년 현재 정식 등록된 일본의 동물장묘업체는 약 120여 곳 이상이다. 단순히 우리나라보다 많은 수의 장례식장이 있어서 장례문화가 선진화되었다는 말이 아니다. 동물의 장례 절차도 사람의 장례식과 동일하게, 대부분 종교의식으로 치르고 동물의 명복을 빌어 주기 때문이다. 일본인들의 정서상 장례식장은 혐오시설이 아니라 꼭 필요한 추모문화시설로 인식이 되고 있다.

일본의 작은 마을, 그리고 그곳의 작은 기차역에는 타마라는 고양이 한 마리가 있었다. 길에서 태어나 고양이 역장이라는 명예로운 자리를 역임한 타마는 한적한 시골의 작은 역, 키시역 창고에 살던 고양이였다. 해가 떨어지면 매점과 창고 사이의 오두막에서 시간을 보냈고, 낮에는 매점 안에서 활동하면서 역을 이용하는 사람들과 대부분의 시간을 보냈다.

그렇게 사람들과 가까워지면서 타마는 역의 마스코트로서 마을 사람들에게 사랑을 받았다. 그러던 2003년에 키시역의 운영이 어려워지자 키시역을 지나는 노선 자체가 폐지되었다. 다행히 당시 공공교통사업에 매진하던 료비 그룹이 키시역의 사업권을 인수하여 와카야마 전철로 노선을 변경하였고 이에 따른 역사의 리모델링 공사로 인해 타마의 보금자리였던 오두막이 사라지게 되었다.

자신의 보금자리가 없어진다는 사실을 타마는 당연히 알 수 없었을 거다. 천만다행으로 공사 직전, 가족과도 같았던 매점 주인은 타마가 역 내에서 생활할 수 있도록 역 관계자에게 간청했다. 아무리 사랑받는 고양이라 할지라도 공공시설이었기 때문에 쉬운 결정은 아니었다. 매점 주인은 최선을 다해 역 관계자를 설득했다. 그 노력 끝에 결국 타마는 안전한 역 내에서 생활할 수 있게 되었다. 그리고 이를 허락한 역 관계자는 타마를 마주하고 처음으로 이렇게 말했다고 한다.

"이 고양이는 역장의 모습이 떠오르는 눈빛을 가졌구만. このネコは駅長
の姿が浮上する目つきを持っている。"

그렇게 역장의 눈빛을 가진 타마는 정식으로 키시역에 취업하게
되었다. 그리고 역 관계자는 타마를 행운을 가져다준다는 마네키네코
코招き猫의 임무를 주었다. 마네키네코는 우리나라에서도 쉽게 볼 수
있는데, 이자카야나 일식집 카운터에 한쪽 팔을 흔들고 있는 고양이
인형이다. 일본에서는 바로 이 마네키네코가 행운을 가져다준다고
믿는다.

그렇게 역의 부흥과 안전을 위해 키시역의 마네키네코가 된 타마
는 실제로 주 5일제로 근무하였고, 연봉은 캣푸드 1년치로 받았다.
타마의 주 업무는 역장으로서 사람들과의 개인 면담이었는데, 휴무
일엔 개인 면담이 철저히 제한되었다. 간간이 기분 좋은 날엔 개찰
구 위에서 승객을 맞이하기도 했다. 그렇게 타마는 일본 철도 역사
상 최초의 고양이 역장으로 기록되었다.

실제로 역을 이용하는 사람들보다 역장과의 개인 면담을 신청하는
사람들로 인해 키시역은 매일같이 많은 사람들로 붐비게 되었다. 결

과적으로 타마는 작은 기차역을 살리고, 지역 활성화에 이바지한 공으로 와카야마 현으로부터 훈장까지 받았다.

길고양이 출신으로 자수성가에 성공한 고양이가 된 셈이다. 타마는 역장으로 9년간 활동하면서 수많은 일본인들에게 사랑을 받았지만 나이가 들고 지병을 앓게 되면서 2015년 6월 22일 16세의 삶을 마감하고 무지개다리를 건넜다.

사람들에게 큰 사랑을 받았던 만큼, 타마가 세상을 떠난 직후부터 약 50일 동안 키시역에서는 장례식이 계속되었다. 각국에서 온 3,000여 명의 조문 행렬과 함께, 가장 성대한 고양이 장례식이 치러졌다. 타마의 유골은 역에서 가까운 신사에 안치되었고, 지금도 고양이 역장 타마를 추모하기 위해 많은 사람들의 발길이 이어지고 있다.

어떻게 보면 길고양이를 상업적으로 이용해서 경제적 이윤을 창출했다고도 볼 수 있다. 하지만 작은 생명의 보금자리를 지켜 주고, 서로가 피해를 입지 않으면서 모든 사람이 함께 노력한 결과가 자연스럽게 한 마을의 부흥을 가져다줬다고 생각한다.

인간의 입장에서 이득인 점을 먼저 고려하기보다 공생할 수 있는 방법을 먼저 고민하고 제안함으로써 함께 살아가고 있다는 것이 내겐 가장 큰 감동이었다. 무엇보다 마을 사람들이 고양이의 삶을 존중하고 타마의 죽음까지도 인간의 죽음과 동등하게 대했다는 사실이 매우 큰 울림을 주었다. 결국 작은 생명에 대한 존엄성은 그를 대하는 주변으로부터 형성되는 셈이다.

로봇 강아지, 세상과 작별하다

반려동물 장례문화가 자연스럽게 자리 잡은 일본 사회지만, 2006년 로봇 강아지의 장례식은 이례적인 관심을 불러일으켰다. 일본뿐 아니라 많은 외신들도 당시 해외 토픽으로 다루었을 정도였다.

장례를 치른 로봇 강아지는 총 114마리였다. 각각의 로봇 강아지 목에는 주인의 이름과 생산된 곳, 그리고 로봇의 이름이 적힌 미니 위패를 걸어 놓았다. 장례식에서는 스님의 독경과 함께 로봇 강아지의 이름을 한 마리씩 불러 주는 식으로 진행되었다.

장례를 치른 로봇 강아지들의 주인은 대부분 중년들이었는데, 장례식 동안 마지막 편지를 쓰면서 눈물을 흘리는 모습도 보였다. 로봇 강아지의 장례식이라고 해서 어딘가 장난스럽거나 이벤트처럼 진행될 줄 알았는데 진짜 장례식처럼 엄숙한 추모 분위기로 진행되었다.

로봇 강아지들은 1999년부터 소니에서 생산한 '아이보'라는 모델이었다. 첫 생산 이후 가장 최신 모델까지 약 15만 마리 이상 판매되었을 정도로 많은 사랑을 받았다. 몇 년 전 제조사 소니가 A/S 서비스를 중단했지만, 사설 수리업체가 등장해 제품 수리를 대신할 정도로 실제 반려견 못지않게 주인들의 사랑은 맹목적이었다. 그만큼 주인과 로봇 강아지 사이에 독특하면서도 끈끈한 유대관계가 형성되어 있었지만, 수리 부품 자체의 생산이 중단되는 바람에 더 이상 손을 쓸 수 없게 된 것이다.

실제 강아지처럼 네 발로 걷고 인간과 간단한 소통이 가능한 아이보는, 당시 꽤 고가였음에도 불구하고 로봇에게 마음의 위안을 받고 싶었던 사람들에게 많은 사랑을 받았다. 특히 당시 노인들의 필수품이었을 정도로 새로운 형태의 반려동물 문화가 형성되었을 정도이다.

로봇 강아지의 합동 장례식 후 홋카이도 대학 마코토 와타나베 교수는 SF 영화 속 이야기처럼 보일 수 있겠지만, 인구 고령화와 저출산 문제, 그리고 사람과 사람의 관계가 단절된 사회 속에서 로봇 강아지가 새로운 대안적 관계를 만들어 낸 것이라고 분석했다.

최근 동물권에 대한 관심이 점점 높아지고 있다. 반려동물과 함께하지 않는 사람들도 유기동물이나 동물 학대 사건이 생길 때마다 강도 높게 비판할 정도로 우리 사회의 동물권에 대한 인식이 크게 달라지고 있다.

욕심 같아서는, 더 나아가 동물권과 인권의 경계가 사라지는 사회를 꿈꾼다. 반려동물은 동물로서의 가족이 아니라 그냥 '가족'이다. 로봇 강아지 아이보는 동물권을 보장받아야 하는 존재일까, 아니면 인권을 보장받아야 하는 존재일까를 생각하면 사실 선뜻 답하기 어렵다. 왜냐하면 아이보의 주인들은 아이보를 그냥 가족으로 생각하고 있기 때문이다.

아쉽게도 아직 우리 사회 전체가 그런 수준까지 반려가정의 정서에 완전히 공감하지는 못한다. 앞으로 사회 구조적으로 조금씩 반려가정과 비반려가정 간에 올바른 이해와 배려가 정착할 수 있다면 현재의 반려동물 문화가 보다 건전하고 긍정적으로 발전할 것이다.

지금부터 그 준비를 조금씩 시작한다면 시간이 조금은 걸리더라도 보호자들이 펫로스로 인한 아픔을 사람들에게 떳떳하게 위로받을 수 있는 사회가 만들어지지 않을까. 그래서 조금은 우스꽝스러운 행사로 보일 수 있는 로봇 강아지 아이보의 합동 장례식처럼, 반려동물과 함께하지 않는 일반인들도 반려동물에 대해 달리 생각해 볼 수 있는 기회가 되었으면 좋겠다.

에필로그

이제는 모두가 안녕한 시간

'반려동물이 떠나고 죽고, 나만 남는다.'

몇 번이고 해 본 생각이지만, 그때마다 두렵고 막막하고 자신 없다. 그런 내가 삶과 죽음의 경계에 서서 반려동물과의 작별을 돕고 있다. 매일 슬프고 매번 안타깝다. 이젠 익숙해질 때도 됐는데 그게 또 그렇지도 않다.

평생을 함께하자던 약속이 불가능해진 순간 무너져 버리는 이들에게 나는 무엇을 해 줄 수 있을까. 그들의 슬픔을 치유해 줄 수도, 줄여줄 수도 없다. 그들은 계속 슬플 것이고, 난 거기에 작은 위로를 보낼 뿐이다. 미안함과 고마움이 사무친 마지막 인사를 영영 잠든 아이에게 온전히 전할 수 있도록 하는 방법으로 말이다. 아이가 이 세상에서 저 세상으로 잘 건너갈 수 있도록 염원해 주는 것이야말로 이곳에 남게 된 보호자에게 해 줄 수 있는 유일한 위로이다. 반려동물의 장례를 지도한다는 건 그런 거다.

반려동물과의 이별은 불가피하다. 하지만 그 슬픔의 지속은 멈출 수 있고 상심의 크기도 줄일 수 있다. 할 수 있는 모든 걸 해 주려 했지만 그러지 못했다는 후회가 평생을 잠식하지 못하도록, 내가 조금이나마 도움이 되고 싶었다. 반려동물 장례 후 보호자가 겪는 극심한 펫로스증후군은 질병이나 외상처럼 약물이나 수술로 호전되거나 완치될 수 있는 게 아니다. 그렇다면 그러한 고통은 어떻게 줄일 수 있을까.

많은 보호자의 눈물을 수없이 지켜보았던 나의 고민은 거기서부터 시작했다. 당신 혼자만 그런 것이 아니라고, 내 경험으로써 충분히 위로할 수 있다면 기꺼이 그 경험을 전달하고 싶었다. 내가 배웅했던 그 많은 반려동물들을 곰곰이 생각하면서 처음으로 내 마음을 정리할 필요도 있었다.

장례 후에 맞닥뜨리는 슬픔은 곧 진정될 테지만, 계절 계절마다 살을 에는 후회는 일상에 잠복하다 어느 순간마다 우리를 그 슬펐던 계절로 다시 되돌려 놓을 것이다. 부디 반려동물을 사랑하는 모든 이들이 되돌아온 슬픔에 무뎌지길, 이제는 견디는 삶에서 안녕한 삶을 살아갈 수 있길 간절히 바라는 마음으로 나의 이야기, 우리의 이야기를 기록할 수 있었다.

이 책을 끝까지 쓸 수 있었던 것은 펫포레스트 이상홍 대표님과 오랜 시간 함께 반려동물의 마지막을 지켰던 동료 반려동물장례지도사들 덕분이다. 그들의 헌신과 노고에 진심으로 감사를 전한다. 그리고 존재만으로도 내게 세상 무엇과 비교할 수 없는 행복을 주는 아내와 나의 반려견 싼쵸에게 고마움을 전한다.

마지막으로 내가 배웅해 준 반려동물 아이들과 날 믿고 아이를 맡겼던 보호자 분들에게, 당신은 마지막까지 최선을 다했고, 그동안 충분히 잘 견뎌 왔다고 말하고 싶다.

부록

사후 기초 수습 방법

어쩌면 꽤 도움이 될 만한 이야기

아이가 숨을 거두면 많은 보호자분들이 아이가 무지개다리를 건넜다는 것을 믿지 못합니다. 그렇다고 해도 아이를 그대로 방치하고 슬퍼만 해서는 안 됩니다. 아이의 기초 수습을 직접 해 주어야 합니다. 아이를 떠나보내는 모든 과정은 절대로 서두르면 안 됩니다. 쉽지 않겠지만 아이를 최대한 오래 눈여겨봐 주면서 천천히, 그리고 꼼꼼하게 기초 수습을 진행해 주는 것이 가장 중요합니다.

한국 반려동물 장례 연구소
KOREA COMPANION ANIMAL FUNERAL RESEARCH INSTITUTE

반려동물이 무지개다리를 건넜을 때,

사후 기초수습 방법

01. 가장 먼저 사망확인을 해주세요.

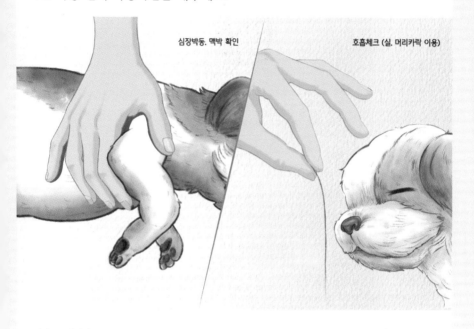

심장박동. 맥박 확인

호흡체크 (실. 머리카락 이용)

반려동물의 호흡이 없거나 움직임이 없는 상황이라면. 가장 먼저 반려동물의 사망 확인을 해주셔야 합니다.

이를 위해 심장박동. 맥박. 호흡체크를 (실. 머리카락 이용) 확인합니다.

* 사망 시점이 확인되지 않아 자연사로 판단되면 2시간이 지난 상태에서 코가 많이 말라있는 것을 확인할 수 있습니다.

02. 조심히 지켜주세요.

조금 여유 있고 쿠션감 있는 담요 등을 준비해서 그 위에 반려동물을 편안히 눕혀줍니다. 수건을 두 번 정도 접어준 상태로 머리 부분과 목 부분의 중간(경추 부분) 위치에 배게 해주듯 조심히 받쳐 주세요.

사후 상태에는 시간이 지나면서 코와 입 부분에서 혈흔 또는 체액이 역류할 수 있으며, 배뇨와 배변이 흐를 수 있기 때문에 얼굴 부분은 얇은 타월을 이용해 베개처럼 덧 데 주고 아래쪽은 배변 패드를 덧 데어준 상태로 준비해 주시면 됩니다. 더운 날씨의 계절에는 아이스팩을(5~7시간 교체) 바닥면에 먼저 깔아준 상태로 준비 후 안치해 주시면 됩니다.

• 코와 입 부분의 혈흔 또는 체액은 흐르는 부분만 닦아 주면 됩니다.

03. 입을 고정시켜 주세요.

반려동물의 입 부분을 살펴줍니다. 이때, 혀가 입 밖으로 나와 있다면 혀를 입 안쪽으로 조심히 넣어 주세요.
반려동물의 입이 벌어져 있는 만큼의 크기로 물티슈나 탈지면을 접어준 상태에서 윗니와 아랫니 사이에
고여 준다는 느낌으로 고정시켜 줍니다.

대부분의 반려동물은 무지개다리를 건넌 시점부터 서서히 입이 열리게 되고, 옆으로 누워있는 자세가 되기 때문에 혀가
입 밖으로 나와 있는 상태가 됩니다. 이런 상황에서 사후경직(강직)이 시작되고 다시 입이 다물어지게 되면 혀를 물게 되기
때문에 경직이 시작되기 전 반려동물의 혀를 보호하기 위해 가장 먼저 수습해 주면 됩니다.

* 사후경직(강직): 사망 후 근육이 수축되면서 경추, 팔, 다리에서부터 점점 굳어지는 현상.

04. 눈을 감겨주세요.

반려동물의 사망 시점 이후 눈을 감지 못했다면 눈 위쪽의 이마 부분 근육을 위쪽에서 아래쪽 방향으로
표피와 근육을 조심히 쓸어내려 줍니다.
그 다음 엄지와 검지를 이용해 눈꺼풀 위아래를 약 1분 정도 잡아 준 상태에서 잠시 동안
고정시켜준다는 의미로 눈을 감겨주시면 됩니다.

눈꺼풀이 감겨져 있더라도 시간이 지나면서 조금씩 서서히 눈이 떠질 수 있으므로
위와 같은 방법으로 눈을 조심스럽게 감겨주세요.
• 눈이 잘 감겨지지 않는 경우 안구가 건조해지지 않도록 약 1시간에 약 2회 정도 인공눈물을 점안 시켜줍니다.

05. 목욕을 시켜주셔도 됩니다.

목욕 시 반려동물의 목(경추) 부분을 조심히 감싸준 상태에서 미온수로 씻겨줍니다.
목욕이 완료된 후 털을 말려주실 때는 차가운 바람으로 건조 시켜줍니다.

사망 시점 이후 반려동물의 상태와 사후경직(강직) 상태를 고려하여 진행해야 합니다. 만약 목욕이 어려운 상황이라면
젖은 수건이나 물티슈를 이용해 부분적으로 조심히 세척해 주고 닦아 주는 방법으로 수습해 주시면 됩니다.

* 사망한 반려동물의 상태는 목(경추) 부분을 잘 가누지 못하기 때문에 유의하여 수습해야 합니다.

06. 조금은 기다려주세요.

반려동물의 사망 시점 이후 사후경직(강직)은 시간이 지나면서 자연스럽게 유연해집니다.
경직 상태는 스스로 이완되기 때문에 그때까지 조금 더 기다려주시면 됩니다.

강제로 경직 상태를 풀어주기 위해 보호자가 힘을 가해 마사지 또는 압박을 하게 되면 골절 등의 2차 부상을 입을 수 있습니다.
이점을 주의해야 합니다.

• 사후경직(강직)의 지속 시간은 조금씩 차이가 있지만 약 48시간 이상 지속되는 경우도 있습니다.

07. 72시간을 기억해주세요.

48~72시간 이후

저온의 냉장 상태
(영상 2~5℃) 유지

반려동물의 사망 시점 이후 상황에서는 어떤 부분에서도 급함이 없어야 합니다.
사후 상태의 시점에서 외부 상처가 확인되지 않는다면 약 48~72시간 동안은 체외 표피의 부패나 변형은
대부분 발생되지 않습니다.

만약 보호자 사정상의 이유로 일정시간 이내 화장 절차를 진행하지 못한다면 48~72시간 이후 시점부터는
저온의 냉장 상태로 임시 안치를 해주시면 됩니다. 주의할 사항은 냉동 안치가 아닌 저온의 냉장 상태(영상 2~5℃)로
임시안치를 해야 합니다.

* 냉동 상태에서는 체내의 수분이 응고되어 안치 이후 반려동물의 본래 모습과 많은 차이가 나타날 수 있습니다.

08. 끝까지 안아 주세요.

가족의 마음으로 반려동물의 마지막은 따뜻하게 안아주세요.

차량 이동 중 흔들림으로 인한 2차 부상을 유의해야 하며, 이동 중에는 배변과 배뇨를 대비해야 합니다. 반려동물의 아랫부분을
배변 패드로 먼저 감싸주고 그 위에 조금 여유 있는 타월을 이용해 한 번 더 감싸준 상태에서 보호자가 직접 안고 이동해 주면 됩니다.
* 아이의 목(경추) 부분을 조심히 받쳐 준 뒤, 머리 방향이 위쪽으로 향한 상태로 안아주시면 됩니다.

09. 마지막 배웅을 꼭 지켜주세요.

세상에서 가장 소중한 반려동물이 무지개다리를 건너는 과정은 정말 가슴 아픈 애도의 시간입니다.
하지만, 보호자와 가족이 처음이자 마지막으로 책임을 다할 수 있는 이별 예식과 배웅의 시간이기도 합니다.

정부에 정식으로 등록된 반려동물 장례식장에서
동물보호법상 명시된 장례(화장) 증명서를 발급받을 수 있습니다.
증명서 일자 기준 30일 이내 동물등록 변경(사망신고) 신청을 해주셔야 합니다.

농림축산식품부에 정식으로 등록된 동물장묘업체 등록 사항은, 인터넷 포털 검색에서
(동물보호관리시스템) 검색 후 해당 홈페이지에서 정식 등록 된 장례식장을 확인할 수 있습니다.
*동물보호관리시스템의 반려동물장례식장 상호 명칭을 정확히 확인해야 합니다.

반려동물 사후 기초
수습 방법 영상보기

한국 반려동물 장례 연구소
KOREA COMPANION ANIMAL FUNERAL RESEARCH INSTITUTE

반려동물이 무지개다리를 건넜을 때,

사후 기초수습 방법

01. 가장 먼저 사망확인을 해주세요.

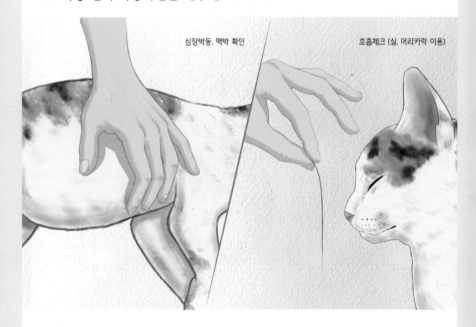

심장박동. 맥박 확인

호흡체크 (실. 머리카락 이용)

반려동물의 호흡이 없거나 움직임이 없는 상황이라면, 가장 먼저 반려동물의 사망 확인을 해주셔야 합니다.

이를 위해 심장박동. 맥박, 호흡체크를 (실. 머리카락 이용) 확인합니다.

• 사망 시점이 확인되지 않아 자연사로 판단되면 2시간이 지난 상태에서 코가 많이 말라있는 것을 확인할 수 있습니다.

02. 조심히 지켜주세요.

조금 여유 있고 쿠션감 있는 담요 등을 준비해서 그 위에 반려동물을 편안히 눕혀줍니다. 수건을 두 번 정도 접어준 상태로 머리 부분과 목 부분의 중간(경추 부분) 위치에 베게 해주듯 조심히 받쳐 주세요.

사후 상태에는 시간이 지나면서 코와 입 부분에서 혈흔 또는 체액이 역류할 수 있으며, 배뇨와 배변이 흐를 수 있기 때문에 얼굴 부분은 얇은 타월을 이용해 베개처럼 덧 데 주고 아래쪽은 배변 패드를 덧 데어준 상태로 준비해 주시면 됩니다.
더운 날씨의 계절에는 아이스팩을(5~7시간 교체) 바닥면에 먼저 깔아준 상태로 준비 후 안치해 주시면 됩니다.
* 코와 입 부분의 혈흔 또는 체액은 흐르는 부분만 닦아 주면 됩니다.

03. 입을 고정시켜 주세요.

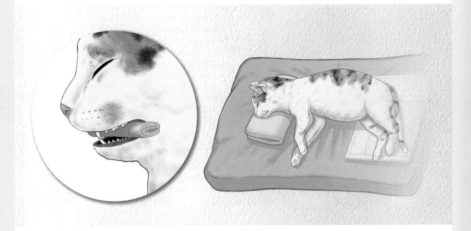

반려동물의 입 부분을 살펴줍니다. 이때, 혀가 입 밖으로 나와 있다면 혀를 입 안쪽으로 조심히 넣어 주세요. 반려동물의 입이 벌어져 있는 만큼의 크기로 물티슈나 탈지면을 접어준 상태에서 윗니와 아랫니 사이에 고여 준다는 느낌으로 고정시켜 줍니다.

대부분의 반려동물은 무지개다리를 건넌 시점부터 서서히 입이 열리게 되고, 옆으로 누워있는 자세가 되기 때문에 혀가 입 밖으로 나와 있는 상태가 됩니다. 이런 상황에서 사후경직(강직)이 시작되고 다시 입이 다물어지게 되면 혀를 물게 되기 때문에 경직이 시작되기 전 반려동물의 혀를 보호하기 위해 가장 먼저 수습해 주면 됩니다.
* 사후경직(강직): 사망 후 근육이 수축되면서 경추, 팔, 다리에서부터 점점 굳어지는 현상.

04. 눈을 감겨주세요.

반려동물의 사망 시점 이후 눈을 감지 못했다면 눈 위쪽의 이마 부분 근육을 위쪽에서 아래쪽 방향으로
표피와 근육을 조심히 쓸어내려 줍니다.
그 다음 엄지와 검지를 이용해 눈꺼풀 위아래를 약 1분 정도 잡아 준 상태에서 잠시 동안
고정시켜준다는 의미로 눈을 감겨주시면 됩니다.

눈꺼풀이 감겨져 있더라도 시간이 지나면서 조금씩 서서히 눈이 떠질 수 있으므로
위와 같은 방법으로 눈을 조심스럽게 감겨주세요

* 눈이 잘 감겨지지 않는 경우 안구가 건조해지지 않도록 약 1시간에 약 2회 정도 인공눈물을 점안 시켜줍니다.

05. 목욕을 시켜주셔도 됩니다.

목욕 시 반려동물의 목(경추) 부분을 조심히 감싸준 상태에서 미온수로 씻겨줍니다.
목욕이 완료된 후 털을 말려주실 때는 차가운 바람으로 건조 시켜줍니다.

사망 시점 이후 반려동물의 상태와 사후경직(강직) 상태를 고려하여 진행해야 합니다. 만약 목욕이 어려운 상황이라면
젖은 수건이나 물티슈를 이용해 부분적으로 조심히 세척해 주고 닦아 주는 방법으로 수습해 주시면 됩니다.
• 사망한 반려동물의 상태는 목(경추) 부분을 잘 가누지 못하기 때문에 유의하여 수습해야 합니다.

06. 조금은 기다려주세요.

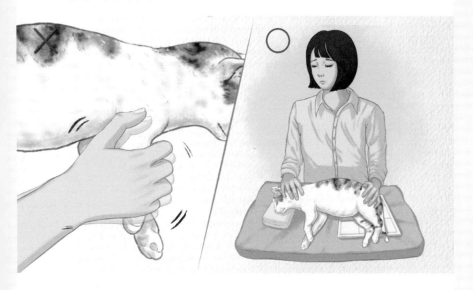

반려동물의 사망 시점 이후 사후경직(강직)은 시간이 지나면서 자연스럽게 유연해집니다.

경직 상태는 스스로 이완되기 때문에 그때까지 조금 더 기다려주시면 됩니다.

강제로 경직 상태를 풀어주기 위해 보호자가 힘을 가해 마사지 또는 압박을 하게 되면 골절 등의 2차 부상을 입을 수 있습니다.

이점을 주의해야 합니다.

* 사후경직(강직)의 지속 시간은 조금씩 차이가 있지만 약 48시간 이상 지속되는 경우도 있습니다.

07. 72시간을 기억해주세요.

48~72시간 이후

저온의 냉장 상태
(영상 2~5℃) 유지

반려동물의 사망 시점 이후 상황에서는 어떤 부분에서도 급함이 없어야 합니다.
사후 상태의 시점에서 외부 상처가 확인되지 않는다면 약 48~72시간 동안은 체외 표피의 부패나 변형은
대부분 발생되지 않습니다.

만약 보호자 사정상의 이유로 일정시간 이내 화장 절차를 진행하지 못한다면 48~72시간 이후 시점부터는
저온의 냉장 상태로 임시 안치를 해주시면 됩니다. 주의할 사항은 냉동 안치가 아닌 저온의 냉장 상태(영상 2~5℃)로
임시안치를 해야 합니다.

• 냉동 상태에서는 체내의 수분이 응고되어 안치 이후 반려동물의 본래 모습과 많은 차이가 나타날 수 있습니다.

08. 끝까지 안아 주세요.

가족의 마음으로 반려동물의 마지막은 따뜻하게 안아주세요

차량 이동 중 흔들림으로 인한 2차 부상을 유의해야 하며, 이동 중에는 배변과 배뇨를 대비해야 합니다. 반려동물의 아랫부분을 배변 패드로 먼저 감싸주고 그 위에 조금 여유 있는 타월을 이용해 한 번 더 감싸준 상태에서 보호자가 직접 안고 이동해 주면 됩니다.

• 아이의 목(경추) 부분을 조심히 받쳐 준 뒤, 머리 방향이 위쪽으로 향한 상태로 안아주시면 됩니다.

09. 마지막 배웅을 꼭 지켜주세요.

세상에서 가장 소중한 반려동물이 무지개다리를 건너는 과정은 정말 가슴 아픈 애도의 시간입니다.
하지만, 보호자와 가족이 처음이자 마지막으로 책임을 다할 수 있는 이별 예식과 배웅의 시간이기도 합니다.

정부에 정식으로 등록된 반려동물 장례식장에서
동물보호법상 명시된 장례(화장) 증명서를 발급받을 수 있습니다.
증명서 일자 기준 30일 이내 동물등록 변경(사망신고) 신청을 해주셔야 합니다.

농림축산식품부에 정식으로 등록된 동물장묘업체 등록 사항은. 인터넷 포털 검색에서
(동물보호관리시스템) 검색 후 해당 홈페이지에서 정식 등록 된 장례식장을 확인할 수 있습니다.
*동물보호관리시스템의 반려동물장례식장 상호 명칭을 정확히 확인해야 합니다.

반려동물 사후 기초
수습 방법 영상보기

사망 확인

아이의 사망 확인은 한 시간 이내에 해 주어야 합니다. 사망 확인은 아이가 숨을 거둔 상태에서 가장 먼저 해야 할 기초 수습 단계입니다. 먼저 아이의 숨소리, 심장 박동, 맥박 등 호흡 상태를 파악해야 합니다. 자연사할 경우 보통 사망 후 한 시간 정도가 지나면 아이의 코가 많이 마르게 됩니다. 경황없이 아이를 안고서 가까운 동물병원으로 달려가는 보호자도 있습니다. 그러나 많은 보호자들이 아이의 마지막은 직감적으로 알 수 있다고 말하기도 합니다.

기초 수습

아이의 사망을 확인했다면 아이의 몸이 경직되기 전 혀를 깨물지 않도록 조치를 취해야 합니다. 사망 후 아이의 입이 조금씩 열리고 옆으로 누운 상태라면 혀가 입 밖으로 떨어지듯 나오게 됩니다. 이때 이불이나 타월을 아이의 몸 위에 덮어 주기도 하지만, 그전에 바닥으로 떨어지는 혀를 입 안쪽으로 넣어 주어야 합니다. 벌어진 입 안으로 물티슈 또는 탈지면을 두텁게 몇 번 접어서 아이의 위 어금니와 아래 어금니 사이에 고여 주면 됩니다. 이러한 조치를 하지 않는다면 아이의 혀가 이빨 사이에 걸쳐진 상태로 사후경직이 일어나고 시간이 지날수록 조금씩 혀를 깨물게 되어 혀와 입에 피가 날 수 있습니다.

아이가 눈을 감지 못한 채로 숨을 거두는 경우도 많습니다. 눈을 뜬 채로 사망한 아이의 눈을 감겨 줄 때는 엄지손가락과 검지손가락으로 위아래 눈꺼풀을 살짝 잡아 모아 주면 됩니다. 직접 하기 어렵다면 장례식장에 도착해 담당 장례지도사에게 도움을 청하면 됩니다. 한편 시츄처럼 태생적으로 눈이 큰 아이들은 억지로 감겨 주기보다 안대를 하듯이 마른 손수건으로 덮어 주어도 좋습니다.

사망 후 아이의 몸은 사후경직 상태로 돌입합니다. 경직이 바로 진행되는 아이도 있고, 경직 자체가 전혀 없는 아이도 있습니다. 또한 어느 정도 진행된 경직은 일정 시간이 지나면 자연스럽게 풀어집니다. 아이의 경직을 풀어 준다고 근육을 계속 주물러 주는 보호자도 있는데, 그럴 경우 2차 부상으로 이어져 아이의 몸이 훼손될 수 있기 때문에 경직이 풀릴 때까지 기다려 주는 것이 안전합니다.

숨을 거둔 아이는 편하게 눕히고 목 아래에 받칠 베개를 준비하는 것이 좋습니다. 꼭 베개일 필요는 없고 수건을 몇 차례 접어 머리를 살짝 올려 주어도 괜찮습니다. 아직 복수가 배에 차 있거나, 장기가 손상된 아이일 경우 복수와 혈흔이 입과 코로 역류할 수 있습니다. 그런 이유로 아이의 머리를 받쳐 놓은 후 경과를 지켜봐야 합니다.

사후 보존

외상 없이 사망한 아이의 몸은 사망 후 약 72시간까지 손상되거나 부패될 확률이 낮습니다. 여름에는 아이스 팩을 사용해 아이의 체온을 유지해 주면 됩니다. 부득이한 사정으로 아이를 장시간 보존해야 한다면, 바닥에 아이스 팩 몇 개를 깔고 그 위에 얇은 이불이나 타월을 덮어 깐 다음 아이를 편한 자세로 눕혀 주면 됩니다.

간혹 가족들의 협의가 이루어지지 않아 장례 일정이 수일 이상 지연되어, 어쩔 수 없이 아이를 냉동 안치하는 경우가 생길 수 있습니다. 하지만 사람도 사망하면 냉장 안치를 하지 냉동 안치를 하진 않습니다. 냉동 안치 후 장례식장에 도착한 아이는 빠져나간 체내 수분이 그대로 얼어붙어 본래 예뻤던 모습을 잃을 수밖에 없습니다. 그래서 냉동 안치보다는 앞서 얘기한 것처럼 아이스 팩이나 냉장 시설을 이용해 보존하는 게 낫다고 생각합니다.

투병 중이었거나 병원에서 치료나 수술 중 숨을 거둔 아이라면 보통 동물병원 집중 치료실에서 사망 판정을 받은 직후인 경우가 많습니다. 병원에서 집이나 장례식장으로 이동하기 전 담당 수의사 선생님에게 아이의 코를 솜으로 막아 달라는 요청을 해 주는 것이 좋습니다. 착용했던 산소 튜브를 바로 제거할 경우 사망 후에도 혈흔이 역류해 흐를 수 있기 때문입니다. 또한 투병 중 수액을 맞았던 아이라면 다리에 남은 링거 밴딩이나 그 흔적도 조심히 제거해 달라고 요청하는 것이 좋습니다.

운구 이동

장례식장으로 이동할 때 비닐로 아이를 감싸서 종이 박스, 아이스 박스로 운구하는 보호자가 많은데 그럴 필요는 없습니다. 외상이 없는 아이라면 기초 수습한 그대로, 직접 안아 장례식장까지 동행해도 됩니다. 다만 스스로 목을 가누지 못하기 때문에 이동할 때는 아이의 목(경추) 부분을 잘 받쳐야 합니다. 마지막이라 생각하고 따뜻하게 안아줄 수 있는 시간이기도 합니다. 차량 이동 전 타월로 뒷다리부터 뒤쪽 골반까지 기저귀 하듯 감싸주는 것도 좋습니다. 이동 중 잔변이나 잔뇨가 흐를 수 있기 때문입니다. 장례식장까지 차량으로 이동할 때는 반드시 직접 안으시거나, 아이를 운구함 안에 담아 두었다면 직접 운구함을 들고 있어야 합니다. 아이를 트렁크 안에 넣은 상태로 장례식장에 도착하는 경우가 생각보다 많습니다만, 그럴 경우 차량 운행 상태에 따라 사체가 심각하게 훼손될 수도 있습니다.

장례식장

국내에 정식으로 등록된 반려동물장례식장은 농림축산식품부 동물보호관리시스템에서 확인이 가능합니다. 이곳에서 합법적으로 운영되는 장례식장을 살펴보고 예약하면 됩니다. 정식으로 등록된 장례식장에서는 장례(화장)증명서 발급이 가능하며, 장례 후 30일 이

내에 동물등록 말소 신청을 해 주어야 합니다.

한편 대신 장례 예약 접수를 해 주는 장례 예약 대행업체도 있습니다. 이러한 업체들은 에이전시나 중개업체 형태로 운영됩니다. 연계된 각 장례식장의 장례 건수에 따라 발생하는 수수료로 수익을 내기 때문에 보호자가 부담하는 장례 비용과 달리, 시설이 열악한 불법 화장장에 맡기는 경우도 많습니다. 물론 그렇지 않은 곳도 있을 것입니다. 그러나 장례 중 발생할 수 있는 문제에 대해 대행업체에게 책임을 묻는 규정이 현행법상 없기 때문에 문제가 발생하면 고스란히 보호자가 2차 피해를 받을 수밖에 없습니다. 그러므로 보호자는 직접 장례식장을 알아보고 반드시 장례 일정과 절차에 대한 설명을 들은 뒤 장례를 결정해야 합니다. 또한 비용 역시 모든 장례 절차가 진행된 뒤 후불제로 결제하는 방식인지도 확인해야 합니다.

장례식장을 선택할 때는 장례 절차를 충분히 설명해 주고 모든 과정을 보호자가 직접 확인할 수 있는지 참관 여부를 미리 알아보는 것이 좋습니다. 무엇보다 모든 공간과 시설이 개별 장례와 개별 화장에 적합한 조건인지 확인하는 것이 가장 중요합니다. 그만큼 보호자가 직접 보고 듣고 판단해야 하기 때문에 아이의 마지막을 어느 정도 시점에서 준비하고 대비하고 있는 것이 좋습니다. 마지막으로 아이와의 행복했던 삶을 충분히 기억할 수 있고, 또 아이를 보내는 가족들이 조금이라도 위로받을 수 있는 곳을 선택하면 됩니다.

좋은 책을 만드는 길
독자님과 함께하겠습니다.

안녕, 우리들의 반려동물 : 펫로스 이야기

초판2쇄 발행	2022년 09월 05일 (인쇄 2022년 07월 01일)
초 판 발 행	2020년 10월 05일 (인쇄 2020년 08월 19일)
발 행 인	박영일
책 임 편 집	이해욱
저 자	강성일
편 집 진 행	박종옥 · 노윤재
표지디자인	손가인
편집디자인	임아람 · 하한우
발 행 처	시대인
공 급 처	(주)시대고시기획
출 판 등 록	제 10-1521호
주 소	서울시 마포구 큰우물로 75 [도화동 538 성지 B/D] 9F
전 화	1600-3600
팩 스	02-701-8823
홈 페 이 지	www.sdedu.co.kr
I S B N	979-11-254-7801-0(03490)
정 가	13,000원